U0220257

本书由上海文化发展基金会图书出版专项基金资助出版
“十二五”国家重点出版物出版规划项目

当代哲学问题研读指针丛书
逻辑和科技哲学系列
张志林　黄　翔　主编

自然选择的单位与层次

黄　翔　著

The Units and Levels
of Selection

复旦大学出版社

内容提要

自然选择的单位是个体、群体、物种还是基因？这本来是个生物学经验研究中的问题。但由于其中涉及一系列的方法论和本体论问题，自20世纪70年代之后便成为生物学哲学的一个关注的焦点。自此之后，新的观点和理论层出不穷，相互之间争论激烈，直到今日。本书按照历史发展脉络，对这些观点和理论做出梳理；分别介绍了达尔文的疑似群体选择观、威廉斯对温-爱德华的群体选择的批评、汉密尔顿的亲族选择理论、道金斯的基因选择理论、索伯和威尔逊的性状群体理论、古尔德和韦尔芭等人的物种选择理论、奥卡沙和高德菲·史密斯等人的多层次和选择层次跃迁理论；对这些理论的产生背景、论证结构和引起的争论做出了简洁的分析。

作者简介

黄翔，男，墨西哥国立自治大学哲学研究所科学哲学博士，曾任墨西哥莫雷罗州自治大学人文系副教授、教授，墨西哥国立理工大学高等研究院教授研究员。现为复旦大学哲学学院教授。主要研究领域包括科学哲学、科学史、知识论和认知科学。

鸣　谢

本课题研究得到下列基金的资助：

1.复旦大学“985工程”三期整体推进人文学科研究“演化论模型和社会哲学研究的范式转型”。

2.国家社会科学基金“以实践为中心的科学哲学研究”（项目编号：11BZX022）。

3.国家社科重大项目“科学实践哲学和地方性知识研究”（项目编号：13&ZD068）。

丛书序言

哲学这门学科特别强调清晰的概念和有效的论证。初学者在首次接触哲学原典时难免会遇到两重技术上的困难：既要面临一整套全新又颇为费解的概念，又要力图跟上不断出现的复杂论证。这些困难是所有初学者都要面临的，并非中国人所独有。为了帮助初学者克服这些困难，西方尤其是英语学界出现了大量的研读指针读物，并被各大学术出版社如牛津、剑桥、劳特里奇、布莱克韦尔等，以 Handbook、Companion、Guide 等形式争相编辑出版。另外，网上著名的《斯坦福哲学百科全书》也具有相同的功能。这些读物解释了哲学原典中所讨论问题的历史背景和相关概念，提供了讨论各方的论证框架，并列出相关资料的出处，为学生顺利进入讨论域提供了便利的工具。可以说，绝大多数英语国家中哲学专业的学生，都曾或多或少地受惠于这些研读指针读物。

本丛书的基本目的正是为中国读者提供类似的入门工具。丛书中每一单册对当代逻辑学和科技哲学中的某一具体问题予以梳理,介绍该问题产生的历史背景和国内外研究的进展情况,展示相关讨论中的经典文献及其论证结构,解释其中的基本概念以及与其他概念之间的关系。由于每册都是从核心问题和基本概念开始梳理,因此本丛书不仅是哲学专业的入门工具,也可以当作哲学爱好者和普通读者了解当代哲学的一套具有学术权威性的导读资料。

丛书第一批由复旦大学哲学学院的教师撰写,他们也都是所述专题的专家。各单册篇幅均不甚大,却都反映出作者在喧嚣浮躁的环境中潜心问学的成果。在复旦大学出版社的积极倡导下,本丛书被列入"国家'十二五'重点图书",并获得"上海文化发展基金"的出版资助。对复旦大学出版社的大力支持,对范仁梅老师的辛勤劳作,丛书主编和各册作者心怀感激之情!在此还值一提的是,身为作者之一的徐英瑾教授特为每册论著绘制了精美的人物头像插图,希望它们能为读者在领略哲学那澄明的理智风韵之外,还能悠然地享受一些审美的愉悦。

张志林　黄　翔

2014年12月

目录

导论

达尔文主义的演化机制是自然选择。美国遗传学家列万廷(Richard C. Lewontin)十分精炼地把这个机制总结为以下三个原则所组成的推理：

> (1) 一个种群(population)中的不同个体(individual organism)在形体、生理和行为层面上会拥有不同表现型性状(phenotypic trait),此即表现型变异(phenotypic variation)原则。
>
> (2) 不同的表现型在不同的环境中拥有不同的生存率和繁殖率,此即差别性适合度(differential fitness)原则。
>
> (3) 亲代对后代的影响与子代对后代的影响相互关联,此即适合度的可遗传(fitness is heritable)原则。
>
> 如果上述三个原则在某一种群中产生作用,这个种群在经过一定的时间后就会产生演化变化。(Lewontin 1970,1)

也就是说，自然选择可以作用于一个种群中，只要这个种群中存在着适合度不同、可以遗传的和可变异的性状。这三个原则尽管使用了20世纪综合演化论的一些词汇（如"表现型"），却没有预设任何具体的遗传机制。达尔文（Charles Robert Darwin，1809—1882）当年并没有清晰的遗传理论，他使用"生存斗争"这个概念来论证在危险的环境中，适应和竞争会引起以自然选择为机制的演化[①]。列万廷认为这三个原则忠实地并更加概括地反映了达尔文论证过程的逻辑结构。也就是说，在一个种群中的个体如果拥有不同的表现型，而且这些可遗传的表现型的生存率和繁殖率不同，那么，经过一定的时间，自然选择就会在这个种群中导致演化。比如，一群鹿中的每只鹿的奔跑速度不同，奔跑速度快的鹿所繁殖的后代会比奔跑速度慢的鹿所繁殖的后代拥有更强的奔跑能力，在受到虎豹攻击时会比奔跑能力弱的同类更容易逃生。久而久之，这群鹿的平均奔跑速度就会增加。在这个例子中，自然选择的原因来自奔跑速度的这个表现型所影响的生存率和繁殖率。自然选择的单位是具有奔跑能力的个体鹿。生物学家们把在虎豹攻击下幸存的鹿看成在危险环境中的具有适应性的个体。因此，我们可以说这群鹿的自然选择则是在个体鹿的

① 关于达尔文如何使用"生存斗争"的概念论证自然选择机制的基本结构，可参见Mayr(2001,128)；中文版第115页。

层次上进行的[②]。

自然选择的单位问题的产生是因为这样一个事实：如果把列万廷给出的自然选择机制中表现型原则里的“个体”概念，改成为“群体”(group)、“基因”(gene)、“亲族”(kin)、“物种”(species)等概念，那么这个自然选择机制不仅在逻辑上仍然成立，而且，也被20世纪的生物学家和生物哲学家们在具体研究过程中用来说明不同的生物现象。也就是说，列万廷给出的自然选择机制在一个更具普遍性的抽象层面上可以拥有不同的单位，“自然选择原理的普遍性意味着自然界中任何具有变异、繁殖和遗传的实体都能演化”(Lewontin 1970，1)。美国生物哲学家索伯(Elliott Sober)以另一种形式化的方式定义了自然选择单位的概念：

> X是性状(trait)T在谱系(lineage)L演化中的选择单位，当且仅当影响T在L中演化的一个因素是这样一

② 在这里，“自然选择的单位”和“自然选择的层次”这两个概念，在一些学者看来是指同样的东西。也就是说，如果自然选择单位是个体，那么，自然选择就是在个体层次上进行的。但是，对于另外一些学者来说，这两个概念的含义是不同的。尤其是在道金斯(Richard Dawkins)区分了“复制子”和“载体”，霍尔(David Hull)又区分了“复制子”和“互动子”之后，这两个概念的区别就更清楚了。“自然选择的单位”是指在亲代与子代之间传递遗传信息的复制子，而“自然选择的层次”是指与互动子有关的具有不同适合度的组织性阶层。我们在第三章讨论基因选择时会分析这种区别。目前，在还没有涉及这个区别之前，我们姑且认为“自然选择的单位”和“自然选择的层次”表达相同的东西。

个事实，即 X 中 T 的差异(variation)引起了 X 在 L 中适合度(fitness)的差异。(Sober 2000,90)

在这个定义中，X 可以被个体、基因或群体等概念替代[3]。也就是说，达尔文的自然选择理论对于选择的对象到底是什么并没有作具体的规定，因而，对什么是选则的基本单位，或选择是在哪个层次上进行的这样的问题，采取了一种中立的态度。

自然选择单位这个问题粗看上去似乎并不复杂。首先，它有着很清晰的定义，具有生物学常识的人都不难理解它。其次，它的答案看起来也应该由生物学的实际研究工作来给出。也就是说，如果生物学研究表明一种选择单位能够建立起说明某些生物现象的模型，我们就有理由相信作用于这些现象的自然选择就以它为单位。因此，自然选择单位的问题可以被看成为一个经验问题，留待生物学研究实践来解决。然而，实际情况却比看起来的要复杂得多。列万廷和索伯的定义具有高度的普遍性，它们的优点之一是具有广泛的运用

---

③ 索伯在这个定义中引入了谱系的概念。这个概念的定义我们会在第三章中详细介绍。这个概念的介入意味着自然选择单位除了需要满足表现型的变异性、差别性适合度和可遗传性三个原则，还需要使其选择结果能够积累而形成谱系。列万廷的三原则加上选择的积累性原则是目前学者们公认的自然选择单位需满足的条件(Sterelny and Griffiths, 1999,32-38; Burian 2010,142)。

潜力。但是,也同样存在着许多本体论、方法论和认识论的细节难以被确定的缺点。这使得20世纪下半叶各种有关自然选择单位的理论百花齐放,各理论之间在经验上、理论上和概念上的分歧层出不穷,又难以得出令人满意的解决,对这些分歧的哲学反思也就应运而生。随着讨论和反思的不断扩展与深入,人们对自然选择的本质甚至对生物学研究的本质都产生了更加深刻的理解。对这个问题的哲学反思不仅有助于理解生物学研究中各种本体论和方法论的立场,如个体主义(individualism)、还原主义(reductionism)、多元主义(pluralism)、实在论(realism)、基因中心主义(genocentrism)等,还扩大了生物学研究领域,推动了社会生物学(sociobiology)、文化演化论(cultural evolution)等思想的发展。这也是为什么自然选择单位在当代生物学哲学中会成为一个焦点问题的原因。

对于自然选择单位问题的复杂性,英国科学哲学家奥卡沙(Samir Okasha)做出了如下观察:"在过去的40年中,这个问题被生物学家和科学哲学家们广泛地讨论过,留下了大批多少让人感到困惑的研究成果。任何熟悉这些成果的人都知道,在选择层次的问题上,涉及了大量在词汇、概念框架和数学模型上的差异,这些差异之间的关联并不总是清楚的,因而存在着许多相互竞争的哲学分析。"(Okasha 2006,1)这说明要对自然选择单位问题进行全面而详尽的介绍是十分困难的事，稍不注意就会陷入对技术枝节的漫长而艰深的纠缠中。为了避免这种情况，也为了追求一种更为简洁有效的介绍，笔者将采用梳理自然选择单位问题的历史发展脉络方式，而不采用对相关问题的各种理论一一介绍的方式。对自然选择单位的当代讨论其实来自两个问题：一是对生物界中的利他主义行为的说明所引起的对达尔文个体选择立场的质疑；二是对新达尔文主义生物学所采用的基因选择的质疑与讨论。这两个问题从20世纪70年代之后被生物学家和生物哲学家们热烈地讨论，最终形成了当代对自然选择问题讨论的两个最基本的理论起点。这个发展过程大致可分为四个阶段：

阶段一：由于达尔文对动物界中利他主义行为做出了疑似非个体选择的解释，使得在20世纪60年代之前一些不愿意接受社会达尔文主义后果的生物学家和生态学家们坚持某种群体选择的立场。在这个阶段中，个体选择和群体选择的立场都有人支持。

阶段二：20世纪60年代后期，由威廉斯（George G. Williams，1926—2010）和道金斯为代表的新达尔文主义者们以清晰的论据指出群体选择无法与达尔文的演化机制相容，并提出了亲族理论来说明动物界中利他主义行为，使用基因选择理论来说明整个演化过程。这使得在之后近20年的时间里，多数生物学家放弃了群体选择的立场。

阶段三:对基因选择理论的本体论和方法论的讨论使得许多学者开始意识到以复制子概念为中心的基因选择有其局限性。对互动子在自然选择过程中的作用的认识终于造成了20世纪80年代之后各种类型的群体选择理论的复苏与回归。在这个阶段中,各种自然选择单位理论百花齐放,呈多元主义的态势。

阶段四:到了20世纪90年代末期,不少学者们开始感到互动子概念难以捉摸,一些学者转向对选择层次的历时性研究。这个研究转向为自然选择单位问题拓展了更为广泛的领域。在新的领域中,以往共时性研究中各种选择单位的理论大多都能找到自己的位置。

全书的结构就是按照这四个阶段的发展过程来设计的。第一章从动物利他主义行为所引起的自然选择单位问题开始谈起。达尔文在说明利他主义行为时有偏离个体选择立场的地方,这使得一些学者开始倾向于接受群体选择立场。当然,达尔文自己是否真的采用群体选择立场来说明利他主义行为也是值得深入分析的。第二章以生态学家温-爱德华(Vero Copner Wynee-Edwards, 1906—1997)的理论为例来介绍群体选择的基本思想。之所以选择温-爱德华的理论,是因为它是日后威廉斯批评的主要靶子。因此,这一章后半部分就介绍了威廉斯的批评。第一、第二章合起来讨论了阶段一中所涉及的基本问题。第三章讨论了阶段二中两个重要的理论,即亲族选择理论和基因选择理论。尽管它们是 20 世纪七八十年代即阶段二中最为学界接受的理论，它们所引起的一系列本体论和方法论上的概念，比如复制子与互动子的区别等，最终形成了对基因选择理论的质疑。第四章讨论了批评基因选择的主要论据。这些论据使得互动子日益受到学者们的关注，并导致了阶段三的到来。第五章讨论了在阶段三中围绕在互动子概念上的两个研究例子：一个是性状群体选择理论，它以新的方式恢复了群体选择对利他主义行为说明的策略；另一个例子是物种选择，对不同的物种选择理论之间的理论纠纷显示了刻画和理解互动子的概念并非是一件容易的事。第六章以奥卡沙的多层次选择理论以及选择层次的跃迁问题为例介绍阶段四，试图展示自然选择问题的当下讨论的基本特征。

笔者的叙述策略是在这四个阶段中挑选一些代表性人物的思想或理论作为典型例子，力图使读者能够通过这些例子来理解该阶段的始末缘由，但并不会提及该阶段的所有方面。这里存在着两个问题。第一，选取的人物和理论在多大程度上具有代表性是个仁者见仁、智者见智的判断。也许会有学者更偏爱笔者没有选取的人物或理论来作为某一阶段的典型，笔者认为这完全是可能的也是合理的。但笔者有足够的理由认为自己所选中的这些人物，其思想及其理论确实也能有效地代表其所在的阶段。这也是笔者这本小书的个人特色所在。笔者会在后面列出一些对自然选择单位问题的其他介绍，以平衡因这种个人特色可能带来的偏颇。第二个问题就是，在这四个阶段中都存在的许多复杂而深刻的技术性问题，笔者并不打算有系统地介绍这些技术性问题，以避免奥卡沙所提醒的困境。但笔者相信，只要理解了这四个阶段的发展趋势，在读者日后遇到这些技术性问题时，便会更加容易地理解问题产生的背景和其中的所以然。

另外，值得提醒的是，笔者的这个叙述策略还有以下两个特点。首先是把介绍的侧重点放在生物学哲学而不是生物学上。对自然选择单位的研究既是概念的又是经验的，它同时吸引了科学哲学家和生物学家们的注意。对自然选择单位的本体论和方法论的讨论结果与模型常常被生物学家们应用在经验研究中。对这些经验研究所引发的争论，本书将不介入，只在涉及一些本体论和方法论的问题时，随上下文的需要可能会略有提及④。也就是说，本书研究的视角是以科学哲学和生物学哲学为出发点。笔者的叙述策略的第二个特点是尽量简化本丛书中其他分册会讨论到的问题。自然选择单位的问题会涉及其他分册讨论的问题，如科学实在论、因果说明、多

---

④ 对选择单位的生物学研究散见于各种生物学学术期刊中。一些有代表性的相关文集包括 Brandon and Burian（eds. 1984）；Keller（ed. 1999）；Hammerstein（ed. 2003）；Calcott and Sterelny（eds. 2011）。

元主义和还原主义等问题。对于这些问题在本体论层面上的一般性讨论本书将不会详细涉及，而只是在它们确实影响到技术性分歧时，才会使用特定的技术性术语来解释具体的分歧⑤。比如，在第四章讨论到多元主义方法论时就涉及它与实在论的纠缠。本书并不展开对这个纠缠的讨论，而是在说明这个纠缠中的不同立场时，使用劳埃德(Elisabeth A. Lloyd)的"受益者"、"适应展示子"等概念来刻画这些立场的特征。

在结束导言之前，笔者介绍一些与本书目的相似的研究指南性的参考资料，读者可用来与本书对勘参考，也可帮助读者继续研究之用，因为这些资料后面都附有颇为详细的参考文献。

一个对选择单位问题做出颇为深入并且全面的介绍是劳埃德在斯坦福大学哲学百科全书中的文章(Lloyd 2012)。在这篇文章中，劳埃德首先引入了与自然选择单位问题相关的一系列本体论和方法论的概念，然后通过这些概念来解读各种选择单位的理论。由于这些概念具有一定的复杂性，这篇文章颇有些难度。一种有效的研读这篇文章的方式是将其与早期的版本相对照，根据其中的差异，可以清晰地看出自然选

---

⑤ 这些问题与选择单位问题之间的关系可参看 Wilson (2007, 150 - 153)和 Okasha (2006, 125 - 142)。前者对这些问题做出一般性的介绍，却难以在各种立场中有所取舍。后者以普赖斯方程为基础建立自己的模型，并以此来分析这些问题，分析得十分透彻。

择单位问题在最近20年中发展的轨迹(Lloyd 1992;2007)。与劳埃德的文章类似的,还有奥卡沙(Okasha 2008)和罗伯特·威尔逊(Robert A. Wilson)(Wilson 2007)的介绍性文章。前者是当今选择单位问题最有创见的学者,笔者在第六章会介绍他的理论。他在文章中以自己的理论为视角对选择单位的各种理论做出评价。罗伯特·威尔逊的文章则对选择单位问题的发展脉络刻画得相对清晰,并对该问题与科学哲学中的其他问题,如实在论、还原论等都有所评点。萨皮恩查(Carman Sapienza, Sapienza 2010)与布里安(Richard M. Burian, Burian 2010)围绕着基因选择的两篇论战文章也是对自然选择单位问题的很好的介绍。

另一类便于初学者入门的资料是作为生物学哲学导论性著作中的相关部分。索伯(Elliott Sober)的《生物学哲学》(*Philosophy of Biology*, Sober 2000)一书中的第四章,以及斯特瑞尼(Kim Stereluy)和格里菲斯(Paul Griffiths)的《性与死亡》(*Sex and Death: An Introduction to Philosophy of Biology*, Sterelny and Griffiths 1999)一书的第三、第四、第五、第八和第九章的内容都是关于自然选择单位的。索伯的书简洁清晰地介绍了自己的性状群体选择理论发展的来龙去脉,十分适于初学者。斯特瑞尼和格里菲斯的整部书其实也很值得推荐,因为它展示了选择单位问题在整个生物学哲学中的位置,以及这个问题与生物学和生物学哲学中其他问题的关系。另一部由罗森堡(Steven A. Rosenberg)所写的《生物学哲学》(*Philosophy of Biology — A Contemporary Zntroduction*, Rosenberg and McShea 2008)一书的第六章也是对自然选择单位问题不错的介绍。

以上均为英文资料。选择单位作为生物学哲学问题被中文学者介绍或研究的资料并不太多。北京师范大学的李建会对索伯的性状群体选择理论的来龙去脉做过相当清晰的介绍(李建会 2009; 李建会,项晓乐 2009)。清华大学的王巍和陈勃杭对基因选择的一些问题进行了讨论(陈勃杭,王巍 2013; 2014)。华南师范大学的董国安在其专著《进化论的结构》一书的第六章中,对选择单位的哲学问题给出了相当深入且全面的介绍(董国安 2011)。另外值得一提的是,台湾大学哲学系的王荣麟对选择单位的问题也有所研究。他在一篇英文论文中探讨了有关种群层次上的选择能否是因果过程的争论(Wang, 2013)。

第一章
利他主义行为:达尔文留下的疑问

达尔文的自然选择理论是以生物个体为选择单位的。这个观点被称为"公认的观点"(received view),不仅因为它被达尔文所坚持,还因为它最能与我们的常识相符。它所使用的自然类,如生物个体、种群和物种等,都可被直接观察到,并与我们在常识中所理解的演化生物学相吻合,因此,容易被大众所理解(Sterelny and Griffiths, 1999,38)。选择单位问题之所以产生,正是因为这个公认的观点受到了质疑。引起质疑的理由就是动物界中存在的利他主义行为难以被个体选择来说明。达尔文自己在试图说明利他主义行为的时候,为我们留下一些偏离个体选择的表述。这些表述为以后非个体选择立场的产生提供了资源,成为选择单位问题的起点。本章第一节讨论达尔文的这些表述的理由及其背景,并试图说明为什么许多学者会认为达尔文接受了群体选择的立场。本章第二节对达尔文是否真正接受了群体选择立场这个疑问进行更加深入的讨论。对其中争论的理解,会让我们更为深刻地认识到为什么对利他主义行为的说明会在 20 世纪的生物学领域中引发自然选择单位的问题。

第一节　达尔文的疑惑

我们在前面看到,列万廷和索伯所给出的自然选择理论的形式表达对选择单位问题持中立立场。这可以说是学者们为选择单位的问题不断争论的最主要的内在原因。然而,外在原因同样存在也同样重要。其中最重要的一个外在原因就是对生物的利他主义行为的说明。从达尔文开始,对利他主义行为的说明就开始引导着生物学家们对选择单位问题进行思考。

达尔文自己的演化机制受到马尔萨斯(Thomas Robert Malthus, 1766—1834)的生存斗争的思想启发。在达尔文看来,生物群体有很强的繁殖力,相对于有限的资源来说,每一物种中的成员之间会存在着激烈的生存竞争。由于要躲避虎豹的攻击,奔跑得快的鹿要比奔跑得慢的鹿在自然选择中更容易幸存下来。也就是说,在自然选择中更加适应环境的个体要比适应性处于劣势的个体更容易生存,而后者相对于前者则更容易被淘汰。在这样一幅以个体为选择单位的"适者生存"的演化图景下,利他主义行为就显得格格不入。所谓利他主义行为,按照美国社会生物学家爱德华・O・威尔逊(Edward Osborne Wilson)的定义,是一种"为了他人的利益而自我毁坏的行为”(E. S. Wilson, 1975,543)。更具体地说,利他主义行为是为了增加他人的适合度而减少自己的适合度的行为[6]。在以个体为单位的自然选择中,利他主义行为会使得个体的适合度降低,因而,只要时间足够长,就会逐渐被可使个体适合度增加的个人主义行为淘汰。美国华盛顿大学的动物学家和生物哲学家 D・S・威尔逊(David Sloan Wilson)用以下模型来说明这点。假设一个种群有 N 个成员,其中 A 类为利他主义者、S 类为自私自利者,两者的比例分别为 p 和 $(1-p)$。假设接受 A 的利他主义行为帮助的成员因该行为而使自己的后代数量增加 b,而 A 自身的后代因此而减少 c,那么,A 和 S 的平均后代数 W_A 和 W_S 分别为

$$W_A = X - c + b(Np - 1)/(N - 1),$$
$$W_S = X + bNp/(N - 1),$$

其中 X 为不存在利他主义行为时的后代平均值。W_A 中的“$b(Np-1)/(N-1)$”意味着利他主义者通过接受他人利他

[6] 在生物学中,适合度被理解为一种生物在演化过程中能够繁衍后代,而且这些后代能够活到生殖年龄的能力。在这个意义上,“适合”一词的意义与健康不是同义词,尽管相对于体弱的个体,健康的个体更容易繁衍更多的后代。威尔逊的定义与我们日常生活中对利他主义的理解有一个重要区别:这个定义只建立在行为与行为主体的适合度关系之上,而不考虑该行为主体的动机或引起行为的意向性原因,如在集体主义或国家主义精神鼓舞下的奉献或自我牺牲的行为。

主义行为而增加的后代数。不难看出，W_S 总是大于 W_A，因为 $W_S - W_A = c + b/(N-1) > 0$。现在假设某个种群中 $N = 100$（即该种群有 100 个成员），$p = 0.5$（即其中利他主义者和利己主义者各占一半），$X = 10$（即每个成员平均可繁殖 10 个后代），$b = 5$（即接受利他主义行为的帮助可使自己的后代增加 5 个），$c = 1$（即利他主义者自己因利他主义行为使自己的后代减少 1 个），那么，下一代的两个成员的后代数分别为

$$W_A = 10 - 1 + 5(100 \times 0.5 - 1)/(100 - 1) = 11.47,$$
$$W_S = 10 + 5(100 \times 0.5)/(100 - 1) = 12.53。$$

这意味着在下一代中，成员总数 N' 和利他主义者比例 P' 分别为

$$N' = N(pW_A + (1-p)W_S)$$
$$= 100(0.5 \times 11.47 + 0.5 \times 12.53) = 1\,200,$$
$$P' = NpW_A/N' = 100 \times 0.5 \times 11.47/1\,200 = 0.478。$$

也就是说，在这个种群中，利他主义者的比例从第一代的 0.5 降低到第二代的 0.478。可以预计这个种群如果不断地繁殖下去，利他主义者的数量会越来越少直至消失（D. S. Wilson 1989/2006，64－65）。

这个分析意味着在生物界中利他主义行为应该极少存在，即使存在也应该越来越少。而事实上，利他主义行为在人

类和具有社会性的动物界中十分常见。北京师范大学的李建会在他的一篇最早向国内介绍选择单位问题的文章中这样描述动物中的利他主义行为的一些例子：

> 吸血蝙蝠会把自己吸到的血液捐献给没能吸到血液的蝙蝠，以使它们不会挨饿；一些鸟类群体中，哺育幼鸟的鸟经常会得到其他鸟的帮助，保护鸟巢不受捕食者的入侵，帮助喂养幼鸟；长尾黑颚猴在捕食者到来时会发出报警叫声以提醒群体中的其他同伴，尽管这样做会把捕食者吸引到自己身边，增加了自己被捕食的危险。在社会性昆虫（蚂蚁、黄蜂、蜜蜂、白蚁等）群体中，不育的工蜂或工蚁把一生都贡献给蜂王或蚁王，建造和保护蜂窝或蚁窝，觅食和抚育幼虫，这种行为是最大程度的利他主义；它们自己没留下任何后代，因此，个体的适合度可以看作是零，但它们的行为极大地帮助了蜂王或蚁王繁殖后代[⑦]。（李建会 2009，20）

同时，人类演化和人类社会与文化的发展历史表明，人类的利他主义行为并没有在演化中减少，而是随着人类文明和道德

---

⑦ 对动物利他主义行为系统的描述以及其中的哲学问题可参看 E. O. Wilson（1970，113 - 120），Rosenberg （1992）；Wilson and Dugatkin（1992）；Uyenoyama and Feldman(1992)以及 Okasha(2013)。

的发展越来越多。利他主义行为的存在使得达尔文面临如下的选择:或者认为这些利他主义行为不受自然选择的限制,或者为利他主义行为在自然选择中找到一个位置[8]。选择前者将直接引起对自然选择机制在演化过程中的普遍性的质疑。因此,达尔文选择后者是很自然的事。然而,对于他是如何这样做的,科学史家出于对选择单位问题的不同的理解,提出了两种完全不同的看法。第一种看法是,达尔文认为大多数的自然选择以个体为单位,因为生存斗争具有普遍性;但是,在利他主义行为出现的地方,达尔文改变了自己的主张,接受了选择单位可以上升为群体的策略。我们姑且称这种看法为"群体单位的立场"。第二种看法则认为达尔文从来没有放弃个体是自然选择单位的观点,我们称这种看法为"个体单位的立场"。我们不妨先看看"群体单位的立场"的证据,然后再检查"个体单位的立场"如何重新解释这些证据。

在"群体单位的立场"看来,1859 年出版的《物种起源》(*On the Origin of Species*)在讨论社会性昆虫和无繁殖能力的杂交后代时,达尔文流露出对个体为自然选择单位的动摇,

---

⑧ 这个问题是社会生物学的中心问题。由于被爱德华·O·威尔逊在其《社会生物学——新的综合》(*Socioblology: The New Synthesis*)一书中详细讨论过,这个问题有时也被叫做"威尔逊问题"(Wilson's problem)。

而采用了群体为自然选择单位的立场。《物种起源》在讨论生物的自然选择机制时，绝大部分内容都以生物个体的生存斗争为中心。所谓"生存斗争"，在达尔文看来，是指"这一生物对另一生物的依存关系，而且，更重要的，也包含着个体生命的保持，以及它们能否成功地遗留后代"(Darwin 1859,77)。因此，以生物个体的生存斗争为重心的自然选择也就自然地以个体为选择单位。然而，在之后讨论到社会性昆虫时，达尔文便意识到用个体作为选择单位很难说明它们的一些行为，比如，工蜂和工蚁完全没有生殖能力，作为个体来说应该是生存斗争的失败者，它们的存在只是为了帮助那些有生殖能力的同类。在"群体单位的立场"看来，达尔文为此采用群体为自然选择单位。文本的证据是在第八章"本能"讨论中性的和不育的昆虫时，达尔文说：

> 工蚁怎么会变为不育的个体是一个难点；但不比构造上任何别种显著变异更难于解释；因为可以阐明，在自然状态下某些昆虫以及别种节足动物偶尔也会变为不育的；如果这等昆虫是社会性的，而且如果每年生下若干能工作的、但不能生殖的个体对于这个群体是有利的话，那么我认为不难理解这是由于自然选择的作用。(Darwin 1859,304)

在这段中，“对于这个群体是有利的”这样的效果被看成是自然选择作用的结果，似乎是相当明显的群体单位的立场了。达尔文在后面解释中性和不育的昆虫的原因时又说：

> 根据摆在我面前的这些事实，我相信自然选择，由于作用于能育的蚁，即它的双亲，便可以形成一个[中性]物种，专门产生形体大而具有某一性状的颚的中性虫，或者专门产生体形小而大不相同的颚的中性虫；最后，这是一个最大的难点，具有某一种大小和构造的一群工蚁和具有不同大小和构造的另一群工蚁，是同时存在的；——但是最先形成的是一个级进的系列，就像驱逐蚁的情形那样，然后，[为了对群体最为有用]由于生育它们的双亲[通过自然选择]得到生存，这系列上的两阶段类型就被产生得愈来愈多，终至具有中间构造的个体不再产生[⑨]。(Darwin 1859,309)

这一段中又出现了“群体”的概念。在讲了两个例子后，达尔文最后总结说：

> 现在我已解释了，如我所相信的，在同一窠里生存

⑨ 括号中为周建人等人的译本漏译的地方，因与群体单位的立场有关，特此补上。

的、区别分明的工蚁两级——它们不但彼此之间大不相同，并且和双亲之间也不大相同——的奇异事实，是怎样发生的。我们可以看出，分工对于文明人是有用处的，依据同样的原理，工蚁的生成，对于蚁的社会也有很大用处。(Darwin 1859, 309)

在这一段里，达尔文把动物的利他主义行为与人类社会中的分工现象作了类比，并用“社会”一词来表达群体概念。这看起来更难用个体单位的立场来理解。

1871年出版的《人类的由来》(*The Descent of Man, and Selection in Relation to Sex*)在讨论人类中利他主义行为时，在承认社会性昆虫的行为难以在自然选择或适者生存原理下获得适应性之后，达尔文明晰地表达了自然选择可以用群体比如部落的概念来说明利他主义行为的想法：

我们千万不要忘记，一个高标准的道德，就一个部落中的某些成员以及他们的子女来说，比起其他的成员来，尽管没有多大好处，或甚至没有好处，而对整个部落来说，如果部落中天赋良好的成员数量有所增加，而道德标准有所提高，却肯定地是一个莫大的好处，有利于它在竞争之中胜过另一个部落。一个部落，如果拥有许多的成员，由于富有高度的爱护本族类的精神、忠诚、服从、勇

> 敢与同情心等品质，而几乎总是能随时随地地进行互助，又且能为大家的利益而牺牲自己，这样一个部落会在绝大多数的部落之中取得胜利，而这不是别的，就是自然选择了。(Darwin 1871, 204 - 205)

这是后期达尔文接受以群体为选择单位的最清晰的表达。

第二节　鲁斯的论据及其问题

这些文本的证据在群体单位的立场下显得很自洽，颇有说服力。个体单位的立场必须要在相同的文本证据中读出完全不同的理解，是一件具有挑战性的工作，其中最经典的研究当属生物哲学家鲁斯(Michael Ruse)发表于1980年题为《查尔斯·达尔文与群体选择》的文章(Ruse 1980/1989)。此文为达尔文的个体单位立场的辩护可分为三个部分：第一，《物种起源》中对动物的利他主义行为的讨论都可以用个体单位的立场来解释；第二，从《物种起源》到《人类的由来》之间的12年中，达尔文表现出自己是站在个体单位的立场上的；第三，《人类的由来》中表达出来的看似群体单位的立场，其实只是在说明人类的道德行为，而在生物行为的层面上并不一定是对个体单位立场的否定。

我们先来看第一部分。鲁斯认为《物种起源》在对社会性昆虫的讨论中尽管使用了“群体”一词，却并不意味着达尔文采纳了群体单位的立场。关键是如何定义以个体为单位的选择和以群体为单位的选择这两个概念。鲁斯把以个体为单位的选择定义为与个体的生存或繁殖利益或直接或间接相关的选择。所谓直接相关,是指直接增加自己生存或繁殖的可能性的行为;而间接地增加自己生存或繁殖的可能性的行为包括为了获取回报而帮助他人,或者,根据我们在后面会仔细讨论的亲族选择,通过帮助亲属们繁殖和抚育他们的后代,扩大与自己相近的基因型。与此相反,以群体为单位的选择是指这样的选择,它的运作可以引起对没有亲属关系的其他个体的不求回报的帮助。按照这样的定义,社会性昆虫的行为仍然可以用个体单位立场来解释。工蚁或工蜂的利他主义行为可以解释为通过帮助亲属们繁殖和抚育后代,间接而非直接地增加自己的生存和繁殖利益。达尔文在讨论这个问题时所用的"群体"和"社会"两个词,都是指一窠昆虫群体,其中成员之间都有着亲属关系。不育个体现象的发生是因为有益于整个一窠有亲属关系的昆虫群体,部分地由于这种不育个体可以防止劣质后代的产生。在这个意义上的群体概念,并不能建立群体单位立场,因为群体单位立场中群体成员中的利他主义行为,应该以相互之间没有亲属关系的其他个体为对象(Ruse 1980/1989,36-37;39-40)。

在进入第二部分之前,我们不妨跟随鲁斯的讨论,先看一下另一个有可能以群体单位立场来解释的问题,即《物种起源》第七章所讨论的杂交品种的不育性问题。大多数杂交品种，如骡子，是没有生育能力的。这种不育性并没有对杂交品种个体，也没有对杂交品种的父母个体有任何利益。站在群体单位立场来看，杂种不育性的唯一受益者是父母所属的物种，因为，它保护了物种不会轻易地降低自己的质量。因此，如果它是自然选择的结果的话，理解产生它的最好的方式是以物种而不是个体为选择单位。这种理解方式曾被少数学者提出，但并未被广泛接受[10]。最重要的原因是达尔文自己并没有用自然选择来解释杂交品种的不育性。这个问题与上面所讨论的社会性昆虫的问题不同：

> 关于不育的中性昆虫，我们有理由相信，它们的构造和不育性的变异是曾被自然选择缓慢地积累起来的，因为这样，可以间接地使它们所属的这一群较同一物种的另一群更占优势；但是不营群体生活的动物，如果一个个体与其他某一变种杂交，而被给予了稍微的不育性，是不会得到任何利益的，或者也不会间接地被给予同一变种的其他一些个体什么利益，而导致这些个体保存下来。(Darwin, 1859,329 - 330)

---

[10] 鲁斯举出的例子是生物史学家科特勒(M. J. Kottler)写于1976年的、题为"Isolation and Speciation, 1837—1900"的博士论文(Ruse, 1980/1989,40)。

这意味着杂交品种的不育性来自与自然选择无关的偶然因素。在达尔文看来，杂交品种的不育性来自不同物种之间的生理和生活条件的不同，扰乱了杂交品种的混合性生殖系统的完成。因此，杂交品种的不育性问题并没有为群体单位立场提供任何证据（Ruse 1980/1989，41）。

鲁斯论据的第二部分讨论了 1859 年到 1871 年之间达尔文所做的两件事：一是他对不育性问题的长时间研究；二是他对华莱士（Alfred Russel Wallace，1823—1913）的群体单位立场的批评。鲁斯试图论证，这两件事都表明了，达尔文的个体单位立场在这 12 年中并未改变。对于不育性问题，达尔文通过对植物的研究，曾经一度倾向于做出不育性是自然选择的结果的判断。然而，之后的研究又推翻了这个判断，使得达尔文回到《物种起源》中的结论，即不育性是偶然性的生理和生活条件所产生的，并不是自然选择的结果。鲁斯指出，即使达尔文暂时地认为不育性可以是自然选择的结果，这个事实并不意味着他转向了群体选择的立场。达尔文当时的意思不过是说，一个生物个体产生一个不育的后代，是为了防止该个体的繁殖质量有所降低，而不是为了保护整个物种的繁殖质量。

达尔文的个体单位立场在与华莱士的讨论中显得尤其突出。华莱士是群体单位立场的支持者，他在 1868 年与达尔文的一封通信中表示，杂交品种的不育性应该是自然选择的结果，其目的是为了保护相应的两个物种，而不是为了个体的利益。达尔文在回信中则否认了群体单位在不育性问题上的作用。在他看来,不同物种之间杂交后的可育性比相同物种之间交配后的可育性低是很自然的事,因为前者的生理和生活条件的差异远大于后者。就是说,这个过程无需考虑群体的利益。在达尔文和华莱士两人的随后讨论中,双方都同意无法完全说服对方(Ruse 1980/1989,46-47)。

鲁斯在其论据的第三部分处理《人类的由来》。他并不讳言达尔文在其中清晰地表达出群体单位的立场。但是,鲁斯认为这个群体单位的立场只限于说明人类的道德行为的起源问题。上面引述的那段引文是在讨论人类的道德行为,而且,文中所用的"群体"的字样指称的也是史前人类的部落。在讨论人类其他行为比如性选择时,达尔文仍然坚持着个体单位的立场。达尔文之所以在人类道德问题上允许群体单位的介入,在鲁斯看来,是因为如果不松动个体单位的立场,损己利他的道德行为将会被自然选择所淘汰,而群体单位立场则是能够让帮助他人的行为与有利于自身繁殖的行为共存的一种方式。鲁斯也不忘提醒读者,达尔文对群体单位立场的让步是十分有限的。这个立场仅限于人类的道德行为而无法普及于整个生物界,而且人类的道德行为在个体单位立场来看,也可以被解释为社会生物学所说的"互惠式利他主义"(reciprocal altruism),并最终被还原为个体单位立场(Ruse 1980/1989,51-52)。

鲁斯的论据试图最大程度地最小化群体单位立场在达尔文理论中的作用，可以说是对个体单位立场的最佳辩护，在当代生物哲学和生物学史中产生了相当大的影响。群体单位立场的支持者们尽管无法完全推翻鲁斯的论据，但对之也提出了质疑。生物史学家伯雷罗(Mark E. Borrello)指出，鲁斯的论据建立在对个体和群体概念的不适当的定义上。鲁斯的定义借用了当代亲族选择理论，把利他主义行为解释成为最终获取自身的利益而帮助亲属的行为。这种解释是否正确是当代生物学和生物哲学所讨论的问题，但在19世纪达尔文的时代却没有人能够这样想，部分地由于当时经典遗传学还没有发展起来。因而，在伯雷罗看来，达尔文的真实思想完全可以从文本的字面上理解，从而得出与群体单位立场相一致的结论(Borrello 2008，8)。因此，鲁斯对达尔文的理解过于狭窄。达尔文的个体单位立场在对利他主义行为的解释上，远没有像鲁斯说的那样明显与坚定，最多只能说是含混的和犹豫不决的。

从目前的研究状况来看，群体单位立场和个体单位立场都有其支持者，谁也不能完全推翻对方。这在生物学史的视角来看也许颇为尴尬，因为学者们通过100多年的研究与争论，仍然无法得知达尔文当时真正的想法，而其中根本的原因是由于当代的生物学和生物哲学在理论上的纠纷未能得到解决。很多科学史学者都倾向于把辉格式编史学方式降到最低限度，即尽量地不用当代科学理论去解释历史中的科学研究，而是试图用事件发生时的时代思潮去解说当时的科学实践。但是，达尔文的这桩公案似乎难以避免一定程度上的辉格式编史学，因为其中丰富的思想内容正需要运用当代的理论才能被更好地发掘[11]。在伯雷罗的研究中，另一个支持群体单位立场的论据是，站在当代理论的视角看，对选择单位的思考是理解自然选择本质的一个重要问题，因而，无论达尔文自己怎样想，达尔文之后的生物思想史中各种群体单位立场的产生也都是合理的。

实际上，从19世纪末到20世纪初，达尔文的自然选择的演化机制与让-巴蒂斯特·拉马克(Jean-Baptiste Pierre Antoine de Monet Lamarck, 1744—1829)的用进废退的演化机制之间的争论错综复杂。许多达尔文主义的捍卫者包括托马斯·赫胥黎(Thomas Henry Huxley, 1825—1895)，从今天的理论视角看，并没有真正理解自然选择的意义，甚至更加接受拉马克的演化模式(Bowler 1989，252－253)。在这两种机制的交锋中，说明昆虫中的利他主义行为也是争论的问题之一。种质说的倡导者奥古斯特·魏斯曼(August Weismann,

⑪ 这印证了劳丹(Larry Laudan, 1941—　)的看法，即具有深刻性的科学史研究不能放弃对科学实践中认知规范性的考量，而这种考量无法避免某种程度上的辉格式的编史学，参见 Laudan (1990)。

1834—1914)坚持自然选择是演化机制。他同达尔文一样认识到，如果生物演化的机制是自然选择，那么，无生殖能力的膜翅目昆虫就成了自然选择必须要说明的难题。魏斯曼指出，这种利他主义行为也无法被用进废退的机制来说明，因为工蜂或工蚁们根本无法繁殖。因而，选择必定要以一群生活在一起的昆虫家族或群体为单位(Borrello 2008，17－18)。而为拉马克机制辩护的尝试也像魏斯曼这样采用非个人单位的立场来讨论这个问题。比如，美国费城自然科学学会的古生物学家柯普(Edward D. Cope)和英国东伦敦学院的动物学家孔宁汉(Joseph Thomas Cunningham)在各自的研究中认为，拉马克的演化机制可以说明工蜂或工蚁们的祖先开始产生身体上的变化是因为群体或家族中分工的需要。一开始它们仍然有生殖能力，之后，正是由于为群体利益而进行分工的需要，它们的生殖能力消退。两位新拉马克主义者都认为日后的经验研究会为这种生殖能力消退的过程提供证据(Borrello 2008，24－26)。

大量的在拉马克主义与达尔文主义之间徘徊不定的生物学家们也都采用了非个体单位的立场来解释利他主义行为。比如，1907 年，斯坦福大学第一任校长乔丹(David Starr Jordan，1851—1931)和同校的生物学家克罗格(Vernon Lyman Kellogg，1867—1937)合著出版了《演化与动物生活》(*Evolution and Animal Life*)一书，其中一部分讨论了昆虫的利他主义行为，并得出合作与互助的社会在生存斗争中会比自私自利的社会更能够适应环境的结论（Jordan and Kellogg 1907）。又如，华盛顿大学的昆虫学家瑞雷（Charles Valentine Riley，1843—1895）试图在昆虫社会中找到人类智力与道德的起源或类似的结构。他认为，达尔文演化机制不仅作用在昆虫个体之间，更重要地是作用在昆虫的群体之间，因为只有后者才能说明昆虫的智力和道德行为（Riley 1894，53）。又如，英国阿伯丁大学的生物学家汤姆森（James Arthur Thomson）在1925年出版的《论演化》（*Concerning Evolution*）一书中提出了影响深远的"汤姆森筛子"（Thomson's sieve）的概念。按照这个概念，选择的筛子在不同的层次上作用于生物体的不同特征。因此，动物的社会层面上的演化筛子完全可以不同于个体层面上的演化筛子。一个更为特殊的例子是无政府主义者克鲁鲍特金（Pyotr Alexeyevich Kropotkin，1842—1921）的《互助论》（*Mutual Aid*）一书（Kropotkin 1902）。尽管一些英美学者认为他的生物学研究部分地由于意识形态的影响而曲解了达尔文理论，实际上，他的观点只有放在俄国博物学研究传统中才能展现出其一致性（Todes 1989）。克鲁鲍特金在西伯利亚任军官时，业余从事地理考察和动物研究。他和其他俄国博物学家们认为达尔文以及社会达尔文主义者过度诠释了马尔萨斯的"生存斗争"的概念，因而夸大了同种个体之间的竞争，却忽略了物种在面对外在环境的压力时作为群体的互助行为。在他看来，个体之间能够互助的群体要比个体之间不知互助的群体更有可能在环境的压力下获得生存。

总之，伯雷罗用两个论据来批评鲁斯的个体单位的立场：首先，鲁斯不应该使用亲族选择的观念解释达尔文；其次，达尔文之后的许多生物学家和博物学家利用达尔文的资源发展出了清晰的群体单位立场，因而，群体单位的立场与达尔文的思想可以兼容。尽管这两个论据无法完全推翻鲁斯的个体单位立场，却也同样表明了群体单位立场并未能被鲁斯推翻。实际上，很多当代生物学家和生物哲学家仍然接受对达尔文的群体单位立场的解释[12]。

---

⑫ 例如，E. O. Wilson（1975，99），D. S. Wilson（1992，145），Okasha（2008，139-140）。

第二章

早期群体选择理论及其问题

对利他主义行为的说明所引发的群体单位的立场在20世纪60年代末在演化生物学界受到了严厉的批评，以至于在之后的20年间，几乎没有演化生物学家接受群体选择的立场。本章介绍这一段重要的历史变化。第一节介绍当时批评群体选择立场时一个重要的靶子，即生态学家温-爱德华的群体选择理论。第二节介绍威廉斯对这个理论的强有力的批评。

第一节　温-爱德华的群体选择理论

20世纪生物学的发展如遗传学和分子生物学等与达尔文演化论相结合产生了新达尔文主义。其中著名的创始者如费舍尔(Ronald Aylmer Fisher，1890—1962)、霍尔丹(John Burdon Sanderson Haldane，1892—1964)、赖特(Sewall Green Wright，1889—1988)等，都认识到群体单位立场可以用来说明利他主义行为，但也都认为以群体为单位的演化机制在生命演化中无法起到重要的作用。尽管20世纪上半叶的演化生物学仍以个体单位立场为主流，但生物学家们仍然认为有些现象还是可以用群体选择来说明。索伯和D·S·威尔逊以嘲弄的口吻描述当时的状态时说，演化生物学家们可根据自己的直觉，在周一、周三和周五采用个体单位立场说明一些现象，在周二、周四和周六用群体单位立场说明另外一些现象，而无须受到任何阻碍（Sober and Wilson 1998，5）。与此同时，群体单位立场在生态学领域里则拥有大量的支持者。除了上面提到的几个例子外，另外一些具有影响力的研究还包括哈佛大学的昆虫学家威勒尔（William Morton Wheeler，1865—1937）把昆虫集群（insect colony）看作“超个体”（superorganism）的观点，芝加哥大学的动物学家阿勒（Warder Clyde Allee，1885－1955）从生态学的视角出发将群体看作适应的表现者的观点等（Wheeler，1911）。然而，最终把群体选择和个体选择之争推到风口浪尖上的是温-爱德华的研究[13]。

这位英国鸟类学家在牛津大学师从生物学家朱利安·赫胥黎（Julian Huxley，1887—1975）和生态学家埃尔顿（Charles Sutherland Elton，1900—1991）学习动物学，并于

[13] 以下几段对温-爱德华群体单位理论发展简述，许多内容参考了Mark E. Borrello（2008）和Jenkins and Waston（1997）。

1927年以优等成绩毕业。在牛津学习期间他认识了许多年轻才俊,包括日后他的主要论敌之一、英国演化生物学家大卫·拉克(David Lambert Lack, 1910—1971)。1930年他被加拿大蒙特利尔大学聘为副教授,专注于研究海鸟的行为。他多次参加跨越大西洋的考察,并得出海鸟并不是随机分布的结论。他在1939年发表的一篇关于管鼻藿的研究中指出,大量的观察结果表明,这种海鸟在生殖区域里只有三分之一或五分之二参与生殖,而这个现象与个体单位立场互不吻合,因为不是每个个体都为了繁殖自己的后代而互相竞争(Wynne-Edwards, 1939)。为了解释这个现象,他突破了之前只在考察报告中描述观察结果的方式,提出了自己的理论见解。在他看来,这种对繁殖的自我节制的行为是控制种群数量过分扩张的一种手段。这是他的群体选择理论的最初表达。在之后对北冰洋地区的考察中,他越来越发现在北冰洋的生态环境中,各种动物的行为很少展示出达尔文式的生存斗争,而更多的是合作与互助。1945年,他接受了苏格兰阿伯丁大学博物学的教职,并在以后的几年里逐渐发展成更加成熟的群体选择理论。在1948年发表的一篇讨论亚种的文章中,他声称达尔文演化论的现代综合中"根本性的新思想在于,演化过程运作的基本单位是种群而不是独立的个体(Wynne-Edwards 1948,195-196)"。1954年五六月间,在瑞士举行的第十一届国际鸟类学大会上,温-爱德华做了题为

温-爱德华(Vero Copner Wynee-Edwards，1906—1997)

《鸟类(特别是海鸟)的低繁殖率》(*Low Reproductive Rates in Birds, Especially Sea-Birds*)的报告(Wynne-Edwards 1955a)。在其中他小心地指出,如果鸟类可以通过降低繁殖率的行为来调节与环境提供的资源相匹配的种群密度,将会最大化地繁殖后代。他的报告引起了不少听众的兴趣,而促使他完成群体单位理论的契机是他与大卫·拉克的争论。

1955 年,温-爱德华应邀为拉克的新书《动物数量的自然调节》(*The Natural Regulation of Animal Numbers*)撰写一份书评(Lack, 1954; Wynne-Edwards, 1955b)。拉克当时在牛津大学任教,之前因为在加拉帕格斯(Galapagos)群岛研究“达尔文之雀”(Darwin's finches)与地理隔绝之间的关系而声名鹊起。在这部新书中,拉克对鸟类的数量做了定量研究,得出结论认为自然选择有利于那些使自己的繁殖数量最大化的个体。而温-爱德华则怀疑拉克把生殖力等同于适应性的想法。在温-爱德华看来,如果一个繁殖数量低的种群能够更好地与环境和谐相处,而另一个繁殖数量高的种群过分地消耗环境资源,那么,自然选择明显地会对前者有利。两人第二次交锋是 1959 年在牛津大学举行的庆祝英国鸟类学协会成立百年的大会上。本来应由两人共同主持种群数量的生态学的分会场,但温-爱德华当时在美国路易维尔大学讲学,因此请他的两个学生替他在会上宣读报告。拉克在报告后提出了自己的看法。在拉克看来,一方面,报告中所讲到的鸟类的那些调节种群密度的社会性行为其实都可以用自己的《动物数量的自然调节》一书中的理论来解释，而尤其重要的另一方面是，自然选择只作用于个体。与拉克的争论使得温-爱德华清楚地看到了反对意见，并最终促成了他最重要的著作《动物的分布与社会行为的关系》(*Animal Dispersion in Relation to Social Behavior*, Wynne-Edwards 1962)的问世。

这部653页共23章的著作讨论了大量的动物形态学和行为学的田野调查成果，并以此来研究种群的结构与分布。整个研究想建立的最终结论是：在种群生物学中，动物可以通过社会性行为来调节种群密度，使之与相应的环境资源相和谐。这个结论由三个原则建立起来。

先看第一个原则：

> (WE1) 对食物资源的无节制的争夺不可避免地会引起对环境的过度开发，因此，自然选择一定会演化出对自由竞争的约定性限制。(Wynne-Edwards 1962, 14)

在这里，所谓“约定性的限制”是指社会性的约定，对个人的行为起到限制的作用。温-爱德华爱用的例子是人类捕猎的类比。近代渔业史表明过分的捕捞会使得渔场中鱼群最终消失，导致许多传统渔业走向消亡。目前，各种渔业协会都会约定出一些限制来防止过分捕捞，比如控制渔网网眼的大小、限制捕捞数量或频率等(Wynne-Edwards 1962,4－7)。在温-爱德华看来,这种约定性限制正是社会行为和社会组织的起源。一个社会就是一个能够为个人之间的竞争提供约定性限制的组织。这是社会性的最原始的意义。因而,我们可以把(WE1)称为温-爱德华的社会性原则。

第二原则就是群体选择原则:

(WE2) 在(WE1)的运作过程中,自然选择是作用在群体之上的。

用温-爱德华自己的话来说:

因此,在这个层次上的演化可以归结为在这里所说的群体选择——它是作用于物种之间的过程,而且对于与种群的动力学有关的任何问题,它都比作用于个体层次上的选择更为重要。后者关心个体的生理与发展,而前者关心群体或种族的活力与生存。在两者冲突的时候,比如在短期的个人利益会损害种族的未来安全的时候,群体选择一定会占上风。这是因为这个种族会遭难会衰落,会被另一个种族取代,而取代它的种族会对损害社会利益的个人采取更为严格的限制。(Wynne-Edwards 1962,20)

我们在第一章结尾处曾提到过一些出现在20世纪上半叶的群体单位立场的例子。这个原则无疑清晰地表达了群体单位的立场。

温-爱德华的目的是运用(WE1)和(WE2)这两个原则来说明动物与其生态环境之间的关系。对于动物来说,如果一个种群过分地开发其所在栖居地的资源,使得资源减少的速度大于恢复的速度,那么,最终会导致该栖居地无法为该种群提供所需要的生存资源。自然选择会为目前仍然存在的动物种群演化出自我调节系统,通过调节种群可以控制自己的数量,并保持着其所在的栖居地的食物资源所能维持的最优密度[14]。一个种群的自我调节系统需要具备两种能力:第一,当外在环境或旧有的平衡变化时,种群寻找新平衡的能力;第二,种群获取环境和平衡变化信息的能力。对于动物种群的第一种能力,温-爱德华给出了许多例子,比如,动物可以控制生殖者的数量,控制产卵数量,有的动物会吞吃新生仔以控制新生儿的生存率,有的动物可以加速或减缓幼仔的成熟速度,驱逐过剩的种群成员以限制栖居地的密度等。对于第二种能力,温-爱德华提出了一个极具争议性的概念。他认为动物通过一种称为"展示性"(epideictic)行为来获取种群密度信息。

---

⑭ 在温-爱德华看来,一些明显可以影响种群密度的因素包括捕猎者、寄生虫、病菌体等,但这些因素都是易变的而非持久的。持续的具有决定性的影响种群密度的因素只有食物(Wynne-Edwards 1962,11)。

所谓展示性行为是指那些可以回馈种群密度与环境之间平衡信息的社会性行为(Wynne-Edwards, 1962,16)。比如,鸟类在光线变化如凌晨或黄昏时的群体飞翔,蚊虫或蝙蝠的群体起舞,鼓虫(whirligig-beetles)的兜圈子的运动,蝉、青蛙、蝙蝠及某些鱼类的齐鸣行为等,甚至绝大多数性诱导(epigamic)行为在温-爱德华看来都是一种展示性行为。与这两种能力相应的行为都是社会性行为,它们的运作正是为了(WE1)中所说的节制对食物的自由竞争,并为此给出约定性限制。温-爱德华这部著作中的绝大部分篇幅就是在汇报和讨论这些行为,并以此来建立他的第三个原则:

> (WE3) 动物的种群密度与环境资源通过约定性限制达到平衡,以保证种群数量的最优化。(Wynne-Edwards, 1962,132)

该书的出版引起了热烈的反响。《科学美国人》(*Scientific American*)为该书制作的摘要(précis)在两年内就卖出35万册。受读者欢迎的原因既有学术方面的,也有社会方面的。就像一份书评说的那样:“该书在某些小问题上与达尔文的意见相左,因此在生物学家中引发不满。它用类比对人类提出了可怕的警告,这也是为什么媒体会对它青睐有加。”(Cort, 1963,327)学界的反映最初以赞扬为主,承认温-

爱德华对大量动物行为的田野研究所做出的综合性分析极具价值。怀疑的声音多是在基本肯定的前提上做出的。比如，温-爱德华的老师埃尔顿先是充分肯定动物的种群密度与环境资源通过约定性限制达到平衡的假说是值得继续思考的，但也指出这个假说未能建立在令人信服的证据之上。首先，书中所谈到的一些证据还有能够被其他假说说明的可能性。比如，种群数量的上下波动随时都在发生，很难说哪些波动与约定性限制有关。其次，尽管书中给出了大量有可能用约定性限制假说说明的例子，但未能给出一件自然选择作用于群体的具体过程的例子(Elton 1963,634)。对温-爱德华的观点彻底否定的两个批评一个来自大卫·拉克，另一个来自乔治·威廉斯。

拉克的批评集中于他的《鸟类的种群研究》(*Population Studies of Birds*)一书的附录二中，而在书的正文里也随处插有对温-爱德华观点的评论(Lack 1966)。拉克指出，公众对《动物的分布与社会行为的关系》一书的热烈欢迎有着生物学研究之外的原因。首先，此书所采用的生态学的出发点自然会引起对生态问题关注的公众的注意。其次，此书以高度概括性的方式对社会性给出一个新颖的定义，也引起不少社会科学学者的注意。另外，书中讲述的自我调节系统对许多普通读者来说也很新颖。而实际上，书中的观点在拉克看来在理论上并不成立，主要有以下三个理由。第一，自我调节或自我平衡系统在生物学和生态学中是为人熟知的现象，并不能像普通读者认为的那样可以成为支持(WE3)的证据,即这个现象并不意味着种群密度和环境资源自我调节或自我平衡是约定性限制的结果。第二,所谓的展示性行为其实都可以用其他的方式来理解。这就是说,动物的那些无法用性选择来说明的行为,其实都不是展示性行为。比如,繁殖率的变化完全可以用正统的自然选择理论来说明,并没有证据显示它来自某种社会的约定性限制。而死亡率也不像温-爱德华所解释的那样与繁殖率之间存在着某种平衡以控制种群数量。拉克认为,影响死亡率的其实是一些与种群密度相关的因素如疾病、食物匮乏、捕食者数量的变化等。第三,正统的以个体为单位的自然选择所给出的说明要比用群体选择所给出的说明更简单,因而优于后者。这三个理由综合起来,不难看出拉克对(WE2)和(WE3)持完全否定的态度。温-爱德华在公开场合对拉克的批评没有立即做出正面回应,直到1986年在其晚年著作《群体选择的演化》(*Evolution through Group Selection*)一书中才全面地回应拉克的批评(Wynne-Edwards, 1986)。其中20年的迟滞给学界带来的印象是两人的争论以拉克的胜利告终。

第二节　威廉斯的批评

给温-爱德华的群体选择理论以致命打击的是美国演化生物学家威廉斯的批评。威廉斯1955年在加州大学洛杉矶分校获得生物学博士学位,之后在纽约州立大学石溪分校任教，晚年成为该校的生物学名誉退休教授，直到2010年去世。他于1966年出版了《适应与自然选择》(*Adaptation and Natual Selection*)一书(Williams 1966)。在之后的20年中，学界普遍认为该书彻底推翻了温-爱德华的群体选择思想。威廉斯在书中首先指出适应这个概念在理解自然选择中起到的重要作用。在他看来，百年来生物学史的中心问题就是自然选择与其他演化机制之间的孰优孰劣的争论，而其中的要点就是对适应概念的关键地位的认定。这本书的目的之一就是批评一些对适应概念的不正当的理解，其中包括群体选择的思想。

威廉斯指出，一方面，很多生物现象在可以用其他原理(如物理或化学原理)来说明时，就无需使用适应机制来说明。也就是说，只有对那些如不使用适应机制就无法说明的现象才使用适应概念。这是适应概念在说明时的必要性规则，即只有在必要时才使用适应概念来说明生物现象。某种行为所带来的利益可能是机会而不是设计的结果，对此就无需使用适应概念。比如，鸟粪有利于农业，这种利用并不是鸟类的功能的后果，而是鸟类的消化系统运作的一个结果。在这个例子中，对适应概念施以必要性原则的约束之后就可看出，鸟类的适应性与鸟粪对农业的益处之间没有说明关系(Williams 1966,11)。而另一方面，使用适应概念进行说明也应遵循简单性规则，即在能够用适应概念说明一个现象时，就无需启用其他的结构性概念或实体来说明。比如，那些可以用适应概念来说明的群体利益，如果只是个体利益的统计性叠加的话，则无需使用超出个体的概念来说明。

从这种对适应性的理解来看，群体选择是这样一种观点，即“由相互作用的个体所组成的群体也许以这样一种方式适应性地组织起来，即个体利益通过一种功能上的从属关系服从于群体利益”。在这个观点中，“群体”这个概念“应当被理解为某种与亲族无关的单位，它由无亲密关系的个体所组成”(Williams 1966，74)。在威廉斯看来，这个群体选择的观点与他自己所坚持的基因选择相互冲突。所谓“基因选择”，按照威廉斯的定义，是指“一个孟德尔种群中所发生的等位基因的自然选择”，它“等同于经常称之为新达尔文主义的自然选择概念”。下一章将会详细介绍这个概念。基因选择中所使用的适应概念是单个生物体的适应(organic adaptation)，即“是一种促进个体层次上的生物体成功的机制，它是通过向所在种群的后代贡献基因的多少来衡量的。它以个体的广义适合度(inclusive fitness)作为目标”(Williams 1966，77)[15]。在威

---

⑮ 在陈蓉霞的译本中，“广义适合度”一词译为“内含适合度”。“inclusive fitness”在生物学中有两个含义。更具普遍性的含义是指一个个体在后代中传播自身基因或与自身基因相同的基因的能力大小。在本书中，我们用“广义适合度”来翻译这个含义。在下一章介绍的汉密尔顿亲族选择理论中，“inclusive fitness”指的是一个个体基因以及与该基因因亲缘关系而相似的基因的适合度。我们将用“内含适合度”一词来翻译这种更加具体的含义。内含适合度是个体适合度和种群中与个体基因相近的亲族们的适合度的函数。

廉斯看来，基因之所以应该被看作自然选择单位，不仅因为基因能够满足列万廷的三原则，还因为只有基因才能够充分地展示自然选择的累积性：

> 表现型的自然选择不能产生累积性的改变，因为表现型是极其暂时的表现形式。它们是基因型与环境之间相互作用的结果，从而产生我们可以称作为一个个体的东西……苏格拉底是由他的父母的基因、他父母以及他本人的环境所提供的经历以及在生长和发育过程中他所获得的各种食物等组成……无论自然选择如何在公元前 4 世纪一直在对希腊这位哲学家的表现型起作用，它都不会产生任何累积性的效果[16]。（Williams 1966，20）

与基因选择相对立，群体选择则是一种涉及更多实体的自然选择，它的主要特征是：

> 群体的进化是指一个生物区系（biota）中的任何变化。它可能是通过一个或更多组成种群的进化型变化而

[16] 威廉斯倾向于认为基因选择是个体选择的因果机制，因此他的论据也是支持个体选择的论据。我们会在第三章第二节中更加详细地分析基因选择的概念。

> 产生，或者仅仅地通过其相对成员的变化而带来。生物区系适应(biotic adaptation)就是一种促进生物区系成功的机制，通过时间维度上的灭绝来衡量[17]。(Williams 1966,77－78)

威廉斯试图论证，只有个体适应才是正确的适应概念，而生物区系适应概念则是不合适的。由于群体选择的适应只能是生物区系适应，对生物区系适应概念的质疑也就可以被理解为对群体选择的质疑。

威廉斯的这个论证主要有两个部分组成。第一部分是在全书的理论主干第四章中论证个体适应是个更简单更直接的概念，而生物区系适应的概念更复杂，更难以被操作。第二部分则论证所有的群体适应都可以被基因选择来说明。我们先看第一部分。首先需要注意的是，生物区系中的适合度看起来是个容易处理的概念，因为直觉上我们会把更多和增长更快的种群看成是更加适应的种群，但仔细考察一下就会发

---

[17] 引文对陈蓉霞的翻译有一处变动。在陈的译本中，“生物区系适应”一词被翻译成“群体适应”，同样地，“生物区系演化”(biota evolution)一词被翻译成“群体进化”，尽管在“biota”一词单独出现的时候，陈译本一般都采用“生物区系”的直译。陈译处理的方法有使中文更加显豁的优点，但代价是将“group”和“biota”都等同为“群体”，而威廉斯正是要强调“biota”一词的本意，即某一地区或时间段中的生物总和，并以此来论证发生在其中的适应和演化，对于所要说明的生物现象来说，并不具有个体适合度和个体演化那样的说明力。

现，这个概念其实很难被刻画。威廉斯设想了几种刻画方式。如果以种群的后代数量来刻画生物区系中的适合度，那么，这个适合度就是个体后代或个体适合度的叠加，根据上述的简单性原则，超个体的生物区系的适合度的概念就是多余的。如果以种群的规模大小来刻画生物区系的适合度，就会产生如下问题：有些时候，小规模的种群也许更具适应性。如果不以种群的规模大小而是以变化速度来刻画生物区系的适合度，类似的问题也会发生，即变化得快的种群并不总是比稳定的种群更具有适应性。列万廷曾建议以生态学的多样性来衡量种群的适合度，即能够在更具多样性的环境中生存下来的种群具有更强的适应性。但威廉斯指出，这会意味着两栖类动物要比大多数的哺乳类和鸟类更为适应，或细菌要比被子植物更为适应。威廉斯和温-爱德华都倾向于接受的刻画方式是以可变的稳定性而不是以绝对数值来作为种群目前成功状况的测定标准。但这种刻画方式的问题是，它有时会比规模数量或变化速率更难以估计（Williams 1966，81－85）。

即使生物区系的适合度可以被成功地刻画，生物区系适应是否能够发生也是值得怀疑的。威廉斯指出，“仅当群体选择强大到足以在所有方向（除了有利的方向外）稳定地限制个体进化，并由于它的影响而积累个体适应的功能和产生附加的复杂适应的细节时，群体选择才能产生适应”，即生物区系适应(Williams 1966,81)。事实更可能是,群体选择所认为的“一个昆虫的已适应的种群”(an adapted population of insects)其实只不过是“一个已适应的昆虫种群”(a population of adapted insect)。这两个概念有着本质的区别。在后者中,种群生存过程中所表现出来的有效机制所意味的是为了使个体的后代数达到最大化,而不像前者意味的那样是为了该种群或更大的系统中所包含的个体数目、生长率或可变稳定性达到最大化。如果群体选择不够强大,种群只是后者,即群体的生存只不过是个体适应的偶然结果。威廉斯提出了一系列妨碍群体选择产生生物区系适应的困难。对这些困难的讨论涉及很多需要相当篇幅才能解释清楚的技术细节。在这里,我们只简单化地看一看其中的两个,以便了解威廉斯论据的大致轮廓。

首先,美国遗传学家赖特用数学模型得出如下结论:在一个被划分为许多小的种群,而彼此之间又不完全隔绝的物种中,群体选择就很有可能发生(Wright, 1945)。这个模型针对一个单一的基因座位。假设 A_1 是一个对群体有利的等位基因,并用 b 来代表群体获得的利益,用 s 来代表个人的损失,并用 p 来代表 A_1 的出现频率,那么,三种可能的基因型即对群体有利的纯合子(A_1, A_1),杂合子(A_1, A_2)和对群体无利的纯合子(A_2, A_2)的频率和选择值分别如表 2 - 1 所示,其中($1-s$)表示了杂合体个体适合度的减少因子,($1-2s$)表示了纯合子个体适合度的减少因子，而$(1+bp)$表示了所有基因型适合度增长因子。基于以上赋值，如果我们用 N 来表示群体大小，那么，选择后的群体大小 ΔN 和选择后的 A_1 的频率 Δp 分别为

表 2-1 对群体有利的基因 A_1 所组成的基因型的频率与选择值

基因型	频率	选择值
A_1，A_1	p^2	$(1+bp)(1-2s)$
A_1，A_2	$2p(1-p)$	$(1+bp)(1-s)$
A_2，A_2	$(1-p)^2$	$(1+bp)$

$$\Delta N = Np[b-2s(1+bp)],$$

$$\Delta p = -sp(1-p)/(1-2sp)。$$

选择后的频率 Δp 是负值，这意味着 A_1 在减少。但只要满足 $b > 2s(1+bp)$，种群的大小在选择后就会增加。美国古生物学家和演化论者辛普森(George Gaylord Simpson，1902—1984)认为，满足赖特所给出的条件是一件极不可能的事(Simpson 1953)。因为这个条件对种群的规模、数量、隔离程度，基因和群体选择系数的平衡等参数要求极为苛刻。比如，它要求种群的规模要小，以便能够产生基因漂变，又要求种群的规模不能太小，以避免种群处于灭绝的危险，同时又要求种群规模足够大，以便使得基因替代能够比偶然因素更重要。

除此之外还有其他种种要求，以至于辛普森和威廉斯都认为满足这些要求的可能性不仅极低，而且即使出现也会相当短暂，根本无法允许生物区系适应的出现（Williams 1966，89）。

另一个群体选择的困难在于，生物区系适应的产生一定会需要许多群体的选择性替代，否则将无法保证群体选择能够持续存在。然而，个体适应的世代交替速率要比生物区系适应的世代交替速率迅速得多，也就是说，群体选择只有在拥有一个非常大甚至于过分大的选择系数时，才能具有与基因选择同样的强度（Williams 1966，91）。这就意味着，群体选择的产生速度远小个体选择的速度，在一段时间之后，群体选择的任何效果都很容易被个体选择的效果抵消。类似的思想曾被英国生物学家梅纳德·史密斯（John Maynard Smith，1920—2004）提出。梅纳德·史密斯认为，在一个利他主义的群体中如果出现一个个人主义的个体或基因，由于这个个体或基因的适合度高于群体中的其他成员的适合度，就会以压倒性优势繁殖个人主义的后代，从而最终使得群体中的个人主义个体或基因完全替代利他主义的个体或基因（Maynard Smith 1964）。举个例子，一群具有互助互爱、具有强烈的利他主义精神的猴子，在与其他利他主义精神不足的猴群竞争时自然会占上风。但这群猴子中只要因变异产生一只自私自利的猴子，这只猴子的自私的后代们因为具有更高的适合度，会最终取代猴群中的具有利他主义精神的猴子。

可以看出，威廉斯的第一部分论证试图得出如下结论：生物区系适应的概念比个体适应概念更加复杂，在理论上也存在着更多的困难。但是，缺乏简单性和理论上的困难程度并不意味生物区系适应在现实而非理论的生物界中不能存在。就像威廉斯所看到的，“如果存在大量的有利于群体的适应不能在基因选择的基础上做出解释，那么必须承认，群体选择也在起作用并且是重要的”。因此，威廉斯论证的第二部分就试图论证并不存在那些无法用基因选择解释的有利于群体的适应。在第五章中，针对有些生物学家把性选择看成为一种生物区系适应，并认为这种生物区系选择的功能之一是保持演化的可塑性的看法，威廉斯论证这种功能在群体层次上并不存在，性选择过程完全可以在个体层面上被说明。在第六章中，威廉斯指出许多认同生物区系概念的学者都混淆了结果与功能的区别。物种的生存是繁殖的一个结果，而不是繁殖的一个功能。如果繁殖完全可以被个体基因层面上的适应来说明，物种的生存也可以被还原到个体基因层面上。而个体基因层面上的适应并不像那些群体选择立场的支持者以为的那样，会造成无节制生殖的后果。在第七章中，威廉斯试图论证动物中不相干个体之间的关系主要是相互竞争和对抗性的。对这种关系，生物区系适应的概念起不到说明作用。动物之间的仁慈友爱和相互协作基本上都出自有亲属（尤其是父母对子女）关系的个体之间，因而完全可以用个体适应来说明。在之后的两章中,威廉斯探讨了一些与生物区系适应概念相关的问题,认为这些问题都无法为生物区系适应概念提供令人信服的理由。比如,威廉斯指出,生物区系概念其实并没有建立在清晰的概念分析或模型建构上,而是依赖一些流行的和审美的直觉。这些直觉包括“由这样的个体——例如工蜂,经常因为一个更大的原因而损害它们自己的幸福——所组成的群体,要比那些其成员坚持仅为了自己的直接利益而采取行动的群体更适应,那些在正常情况下,个体生活于和平或主动的合作和彼此的帮助中的群体,要比那些更多地处于公开冲突中的群体更实用”(Williams 1966,187)。威廉斯认为这种直觉只不过是一种隐喻化的和拟人化的想象,就好像在说:“……某一种群中的个体,环顾四周,然后对它们自己说:‘我们的个体变得太多了,必须增加死亡率,或者减少生育率,或者两者兼而有之。如果不是这样,我们的生活标准就得下降,我们将为了生存而彼此之间竞争。’”(Williams 1966,188)而并没有证据显示这种虚构可以发生在真实的生物世界里。

总之,威廉斯的只存在个体的广义适合度的结论否定了(WE2),因为它否定了自然选择可以作用于超出个体之外的群体之上的看法。同时,威廉斯的研究也试图展示(WE3)中所依赖的“展示性”行为其实并不存在,这些看起来像“展示性”的行为只不过是错误的直觉的结果,其实都可以被个体选择来说明。

威廉斯的著作说服了不少生物学家，使他们认为群体选择的想法被彻底驳倒。这部著作的说服力，按照D·S·威尔逊的说法，“并不来自关键性的实验，甚至不来自新理论的建立，而只是由于威廉斯用优雅和清晰的方式解释了以往30年的研究进展”(Wilson 1983，159)。实际上，从20世纪60年代后期到70年代中，生物学界已经很少有人接受群体选择，直到80年代，经过修正过的群体选择思想才逐渐得以复兴。温-爱德华自己并没有被威廉斯的这部著作说服，他一直试图完善自己的理论以便回复威廉斯的批评。但由于生物学界对群体选择的怀疑日益加深，他很少能够找到机会发表自己的看法。另一个妨碍他迅速回复威廉斯的因素是他不擅长运用数学模型来进行讨论，而是坚持传统的生态学的田野调查方法。直到20年后群体选择思想复苏的趋势已趋于明显之后，温-爱德华才出版了《群体选择的演化》一书，系统地回复威廉斯的批评，并论证许多生物现象无法用个体选择来说明(Wynne-Edwards，1986)。

我们在后面几章会看到，随着对自然选择单位和层次的讨论与理解不断深入，各种选择单位的可能性被提出。鉴于这些研究成果，威廉斯在1992年出版的《自然选择：领域、层次和挑战》(*Natural Selection：Domains，Levels，and Challenges*)一书中承认自然选择可以在物质实体的和信息或密码这两个层次上进行。在信息层次上，自然选择的基本单位是密码子(condon)。而在物质实体的层次上，我们在下章要仔细讨论的基因选择实际上仍然是个体选择。由于个体在繁殖和生存机制以及获得繁殖资源方面彼此不同，自然会引起繁殖倾向上的不同。因此在逻辑上，群体选择仍然是可能的(Williams 1992，10)。威廉斯于1996年为《适应与自然选择》第二版所写的序言中有两段耐人寻味的文字，值得摘引：

> 1966年以后的若干年，我由于下述工作而逐渐获得了声誉，显示适应概念通常不可应用与种群或更高的层次，以及表明温-爱德华关于群体选择是通过限制个体的生殖，从而达到有规律地调节种群密度的观点是没有依据的。在表明个体层次以上的有效选择可以被排除时，引用我的工作甚至成了时尚(有时我怀疑引用者不一定读过原文)。我的回忆，以及我现在对于这本书的解释，尤其体现在第四章中，都表明这是一种误读。我仅仅认为，群体选择的力量不足以产生我称为的生物区系适应(biotic adaptation)：任何复杂的机制显然是用来增加一个种群或群体的成功。群体适应具有这样的特点：生物体所起的作用就是使得个体的利益服从于某种更高的价值，这种更高的价值经常被认为就是物种的利益。
>
> 即使没能产生生物区系适应，但群体选择在地球生

物圈的进化中还是起到了重要的作用。最为令人信服的例子就是在所有真核生物的主要群体中,有性生殖的普遍性。……系统发育上的生存似乎是有利于保持有性生殖的那些形式。这个观点被今天的许多进化生物学家所接受,并且在解释今天生物区系的一个重要性质,即有性生殖的普遍性时,群体选择概念具有显而易见的用途。(Williams 1966, IV – V)

从这两段文字中,我们可以看出,威廉斯明确地表示他并不反对所有的群体选择的立场,只不过认为群体选择并不是自然选择的主流。承认某种边缘性的群体选择并不妨碍他对生态学视角下具体的群体选择思想(WE2)和(WE3)的否定。

第三章
亲族选择和基因选择

在威廉斯对以温-爱德华为代表的群体选择的批评中我们曾看到两个重要的观点：一是许多看起来是利他主义的行为其实并非为了群体利益而是为了亲族的利益，因此这些行为可以被个体选择来说明；二是个体选择可以运作于基因层面。这两个观点就是本章所要讨论的亲族选择和基因选择的基本思想。第一节介绍亲族选择理论，以及这个理论的精致版本，即互惠式利他主义的基本观点。第二节介绍道金斯提出的著名的基因选择的理论。亲族选择和基因选择理论被广泛接受，标志着选择单位问题的研究进入导言中所提出的第二个阶段。由于基因选择理论具有高度原创性，因此其中的一些概念引起了本体论和方法论上的分歧。第二节的后半部分对产生分歧的一些重要概念做出梳理。

第一节 亲族选择与互惠式利他主义

亲族选择理论由英国生物学家汉密尔顿(William Donald

Hamilton，1936—2000）提出，为了证明达尔文的自然选择机制与利他主义行为并没有冲突（Hamilton 1964）。汉密尔顿是牛津大学教授、英国皇家学会成员，由于提出的亲族选择理论而成为20世纪最重要的演化生物学家之一。亲族选择理论展示了利他主义行为的行为主体尽管减少了自身的适合度，但如果该行为对行为主体的亲族而不是种群中单独个体有利的话，那么它仍然可以是自然选择的结果。亲族之间拥有共同的基因，一个引发利他主义行为的基因尽管牺牲了自己的适合度，但也可因此使得亲族中与自己相同的基因获得传播，这就等于它在帮助亲族的时候也帮助了自己的基因的传播。汉密尔顿指出，这种利他主义基因可在自然选择中胜出，只要满足以下不等式：

$$b/c > 1/r。$$

这个不等式也被称作"汉密尔顿规则"（Hamilton's rule）。其中，"c"是指利他主义行为主体所付出的代价，"b"是指受益者所得到的利益，"c"和"b"中的代价和利益都由繁殖的适合度来计算。"r"也被称为近交系数（coefficient of relatedness），它代表了利他主义行为主体即施惠者与利他主义行为的对象即受惠者之间的血缘接近程度。比如，二倍体（diploid）物种中同胞姊妹或亲生母女的 r 为1/2，同父异母的姊妹或亲祖孙之间的 r 为1/4，堂兄妹之间的 r 为1/8。r 值越高意味着利他主义行为的受益者持有利他主义基因的概率就越高。汉密尔顿规则意味着只要利他主义行为的代价能够为足够亲近的亲族成员提供足够多的利益,即该利益大于为其付出的代价,那么,利他主义行为就可以在自然选择机制中出现。

汉密尔顿的亲族选择理论成功地展示了在遗传学层面上达尔文的自然选择机制完全可以说明利他主义行为,同时也引发了一系列新的问题,其中有三个十分重要。首先,对于选择单位这个问题来说,亲族选择理论既可支持基因选择,又可支持个体选择。基因选择把个体看成基因的载体。判断一个性状是否演化,需要考察引起该性状的基因的频率是在增加还是在减少,以此来确定该性状是否能够传播。汉密尔顿规则正是用来刻画利他主义基因的,它向我们展示了引起利他主义行为的基因获得选择优势的条件。我们在后面会详细讨论基因选择及其哲学问题。亲族选择理论同样可以支持个体选择的理由在于汉密尔顿规则也可以刻画个体的内含适合度(inclusive fitness)的增加。个体的内含适合度是个体适合度和种群中与个体基因相近的亲族们的适合度的函数。当利他主义行为使这个函数最大化时,个体的适合度就会因此而增加(Grafen 2006)。因此,个体的内含适合度也能够用来刻画以个体为单位的选择。这就是为什么基因选择单位和个体选择单位这两个立场时常结盟、共享相同论据的原因。最近的研究也表明，这两个立场的数学结构实际上是等值的（Frank 1998；McElreath and Boyd 2007）。

亲族选择理论的第二个问题是，利他主义行为主体为了能够对血缘关系更加紧密的亲族成员做出更多的施惠行为，必须首先能够区分哪些群体成员是亲属而哪些不是，以及哪些是近亲而哪些是远亲。20 世纪 70 年代之后，亲属识别问题开始被广泛地讨论（Alexander 1979；Hepper（ed.）1991）。汉密尔顿最初并不认为经验证据会支持绝大多数的动物具有识别亲属的能力。他倾向的解决方式是使用种群的空间结构，即认为亲戚大多生存在施惠者的周围，而且离施惠者越近，亲属的血缘亲近程度从统计上看就会越近。这意味着施惠者即使自身没有识别亲属的能力，它的利他主义行为也会在统计上更加有利于自己的亲属（Hamilton 1987；Grafen 1990）。而越来越多的经验研究展示，许多动物，包括哺乳类、鸟类、两栖类、鱼类和昆虫都具有识别亲属的能力（Agrawal 2001）。这些证据意味着亲属识别问题已经不是亲族选择理论的主要困难。

亲族选择理论的第三个问题是，有很多利他主义行为并不作用于亲族。这在人类身上尤其突出，我们常见的一种见义勇为的好人好事是冒着风险搭救素不相识的人。还有一些生物界的利他主义行为甚至发生于不同物种之间（Trivers

1985)，比如共生现象："真菌和藻类形成了地衣；胶树为蚂蚁提供住处和食物，反过来蚂蚁也保护了树；还有，黄蜂寄生在无花果内，作为果树唯一的传授花粉和留种的手段。"(Axelrod 1984,63)要说明这些利他主义行为如何是自然选择的结果，亲族选择理论是不够用的。目前在生物学和生物哲学界中，最为大家接受的说明这个问题的理论是互惠式利他主义(reciprocal altruism)理论。那些并不作用于亲属身上的利他主义行为可以看作是互惠式的，它同样可以是自然选择的结果。一般来说，动物的大多数利他主义行为都作用于亲族，这些行为因为可以增加个体的内含适合度而在演化中胜出。而那些不作用于亲族的利他主义行为可以通过个体寻求回报的互惠性利他主义在自然选择中胜出。因此，互惠式利他主义和亲族选择理论一起共同说明了利他主义的演化，而无需使用群体选择单位。

要理解这个问题，我们不妨先看看什么是互惠式利他主义，以及它是如何说明不作用在亲族之间的利他主义行为的。互惠式利他主义的根本目的是为了说明社会性的合作(cooperation)是如何可能的。在一个社会性合作中，对施惠人所给予的帮助，受惠人会给出回报。这是一个人人为我、我为人人的社会。在这个社会中的利他主义行为的作用对象不必是亲属(Trivers 1971)。但社会性合作面临的一个主要难题是，从合作过程中某一个人的利益角度出发，能让他在该次合作中获取最大利益的策略是在接受他人给予的帮助同时，却拒绝给予他人帮助。这意味着他在合作中欺骗他人。但无论这种欺骗是否被发现，它都有利于利己主义者，而最终伤害社会性合作。这种情况可以由博弈论中的“囚徒困境”(prisoner's dilemma)来说明。假设有两个同谋罪犯被逮捕，并被警察分别审讯。两人都面临这样一种选择：如果两人都不招供，他们都将被判刑2年；如果一个人招供，另一个不招供，那么，招供者将被判刑1年，不招供者将被判刑10年；如果两人都招供，他们都会被判刑5年。对这两个囚徒来说，他们的选择面临的困境是，最好的情况，即自己招供而对方不招供因而自己仅获1年徒刑的情况，可能因对方的改变而变为5年徒刑；其次好的情况，即两人都不招供因而同获2年徒刑的情况，也可能因对方的改变而变成最糟的10年徒刑。现在，让我们把各种可能的后果用收益值来量化。我们把最差的情况，即10年徒刑的收益值定为0，其次的情况即5年徒刑的收益值定为5，再次的情况即2年徒刑的收益值定为10，最好的情况的收益值定为20。同时，我们用一个有序对表示两人选择后的最终收益，比如，“(20, 0)”即表示第一个人的收益为20，第二个人的收益为0。这样，我们可以用表3－1来表示各种选择的最终收益的情况。

表 3-1　囚徒困境中的收益值矩阵

第一人＼第二人	不招供	招供
不招供	(10, 10)	(0, 20)
招供	(20, 0)	(5, 5)

在社会性合作中如果出现利己主义者,那么,也会出现与囚徒困境相似的情况。所谓利己主义(selfish, S),是指接受别人的施惠却不予以回报的态度。与此相反,利他主义(altruistic, A)是指接受他人的施惠并予以回报的态度。我们把表 3-1 中的收益值看成适合度值,就可以看到这两种态度的组合所形成的各种适合度组合,见表 3-2。

表 3-2　社会性合作中的利他主义与利己主义态度组合后的适合度值矩阵

第一人＼第二人	利他主义 A	利己主义 S
利他主义 A	(10, 10)	(0, 20)
利己主义 S	(20, 0)	(5, 5)

在表 3-2 中,如果两个利他主义者组合在一起(A, A),则两者的适合度都是 10;如果两个利己主义者在一起(S, S),则两者的适合度降低为 5;如果一个利他主义者和一个利己主义者组合在一起,即(S, A)或(A, S),那么利己主义者的适合度大增为 20,利他主义者的适合度降为 0。也就是说社会

合作中的利他主义者在利己主义者出现的时候会大大降低自己的适合度,而利己主义者会因为得到利他主义者的帮助而提升自己的适合度。长时间之后,利他主义者会减少甚至消失,利己主义者则因此而增多,最终会导致社会性合作的停止。因此,在利己主义者存在的情况下,社会性合作如何可能又如何能够成为演化的结构,就成了互惠式利他主义的一个重要的问题。这个问题对理解人类社群构成基础与社会政治的发生机制和原理,以及理解人类的道德伦理基础都至关重要。

20世纪80年代,汉密尔顿与美国学者阿克塞罗德(Robert Axelrod)一起研究出一种策略,使得即使在表3-2所展示的囚徒困境存在的情况下,互惠式利他主义仍然能够演化(Hamilton and Axelrod 1981; Axelrod 1984, 1997)。这个策略的名字叫做“一报还一报”(tit-for-tat)。它的基本意思是在第一轮的选择中自己选择利他主义,并在下一轮选择做出与上一轮对手相同的选择。就是说,如果上一轮对手选择了利他主义,自己在这一轮就跟选利他主义;如果上一轮对手选择了利己主义,自己就在这一轮跟选利己主义。阿克塞罗德通过计算机模拟发现,“一报还一报”策略在重复的囚徒困境博弈中,能使玩家最终获得比其他策略所能获得的更大的收益。这个策略有如下四个特征。第一,它是清晰的,对手能够很快地识别玩家在使用这个策略。第二,它是善良的,它的第一轮选择是利他主义的合作，而且不主动地背叛对方。第三，它是宽容的，如果对方在做出利己主义的背叛之后又回到利他主义的合作的选择后，玩家会忘记对方的错误，继续与之合作。第四，它不嫉妒，就是说在对方获利与自己相同时，仍然乐于与对方合作。一个利己主义者在面对一个使用"一报还一报"的玩家时，对自己最有利的策略是以互惠式利他主义的态度与玩家合作。这是因为如果他仍然坚持利己主义，就会发现除了第一轮自己获得利益之外，在以后的博弈中他的收益会永远少于采用利他主义合作的收益，不断积累后，他会成为收益最少的人。这个策略又是演化上稳定的策略(evolutionarily stable strategy, ESS)，即只要它在一个群体中被建立起来，很难会出现比它的收益值更大的其他策略取代它[18]。这意味着，只要"一报还一报"的策略在种群的演化中被采纳，互惠式利他主义就会在种群中建立起来，不管其中的个体之间是否有亲缘关系，也不管其中是否有利己主义成员。

---

⑱ 道金斯对这个策略的功能和意义做出十分精到的描述："凡是种群的大部分成员采用某种策略，而这种策略的好处为其他策略所比不上的，这种策略就是进化上的稳定策略或 ESS。这一概念既微妙又很重要。换句话讲，对于个体来说，最好的策略取决于种群的大多数成员在做什么。由于种群的其余部分也是由个体组成，而它们都力图最大限度地扩大各自的成就，因而能够持续存在的必将是这样一种策略：它一旦形成，任何举止异常的个体的策略都不可能与之比拟。在环境的一次大变动之后，种群内可能出现一个短暂的进化上的不稳定阶段，甚至可能出现波动。但一种 ESS 一旦确立，就会稳定下来：偏离 ESS 的行为将要受到自然选择的惩罚。"(Dawkins 1976, 95)

值得注意的是,“一报还一报”策略的运作是需要满足一些条件的,并不是所有条件都能很顺利地在演化背景中获得满足。第一个条件是重复的囚徒困境博弈中的玩家不应知道博弈的次数,也就是说,对玩家双方来说博弈的次数看起来应该是无限的。如果双方都清楚博弈的次数,那么最后一轮收益值最大的选择就不是利他主义的合作。这就意味着倒数第二轮是利己主义者最后一次能够占对手便宜的机会,即让对手选择利他主义合作而自己选择利己主义的背叛。这样,倒数第二轮也不会出现双方合作的情况,而倒数第三轮又变成了利己主义能够占便宜的最后机会,这就又使得倒数第三轮不会出现双方合作的情况。继续倒推下去就会使得合作从一开始就无法进行(Axelrod 1984,65)。在野生动物生存的环境中,博弈次数看起来无限这个条件不难获得满足。社会成员如共同捕猎的狼群中的狼,它们之间相互合作常常是长期的,而合作者并不知道何时是最后一次合作。

“一报还一报”策略运作的第二个条件是短期收益不应比长期收益多,否则的话,博弈时的玩家会把博弈当成一锤子买卖,直接采用利己主义的态度以获取最大的利益。在动物生存的环境中,不同个体或群体在争夺有限资源时很难进行合作,正是因为有限资源会在很短的几轮争夺中被耗尽,想要得到它只能考虑短期利益。

“一报还一报”策略运作的第三个条件是博弈中的玩家必

须能够识别博弈对手,并能够回忆起上次博弈的结果。具有复杂的记忆和信息处理能力的动物,如灵长目类动物,是可以满足这个条件的。然而对于智力相对低等的动物,如鱼类、昆虫或细菌等,这个条件也许要求过高。但一些社会生物学家认为,在一个成员数量不多,而"一报还一报"的策略的运行已经定型的小团体中,并不需要成员们有意识地识别其他成员,以及回忆起上次社会性合作的结果,并以此来计算下次合作的收益值。动物界中的互惠性利他主义行为并不总是需要意向性的(intentional)和动机性的(motivational)原因,它可以仅仅是一种行为的结果。如果"一报还一报"策略在行为上比其他策略能够获得更多的收益,它就是行为上的最优策略。这意味着碰巧按照这个策略行动的个体与不按照其策略行动的个体相比,将会获得适应性的优势,因此,倾向于按照这个策略行动的种群也就更容易在演化中生存下来(Rosenberg 1992,27; Axelrod, 1984,70)。目前学者们一般认为,在成员数目不太多的小群体中,容易建立起"一报还一报"的策略。

对于互惠式利他主义理论与亲族选择理论之间的关系,汉密尔顿认为亲族选择首先在亲族中产生利他主义的基因,这种基因在之后成为社会性合作的起点。阿克塞罗德的名著《合作的进化》(*The Evolution of Cooperation*)一书的第五章是与汉密尔顿合写的,在这章中,两人对社会性合作有这样的描述：

> 在单步“囚徒困境”中不背叛就是一种利他主义(这个个体放弃了他可能得到的收益)。因此，只要双方有足够密切的亲缘关系，这种行为就是能进化的……因此可以想象在类似“囚徒困境”的情况中，合作的好处最初将由有密切亲缘关系的一群个体所获得……一旦存在合作的基因，选择将助长基于环境的合作行为的策略……一旦做出合作的选择，对亲缘关系的提示就是对合作的回报。每当亲缘关系较远或亲缘关系有怀疑时，在对方的消极反应之后改用更自私的行为是有利的。因此需要有对另一个体的行为反应的能力，合作才能够渗透到越来越少亲缘关系的情形中去。最后，当两个个体再次相遇的概率足够大时，在没有任何亲缘关系的群体中，基于回报的合作也能够繁荣并且是进化稳定的。(Axelrod 1984，67－68)

进一步思考互惠式利他主义理论与亲族选择理论之间的关系我们会发现，两者有着重要的区别。以利益回报为出发点的互惠式利他主义把利他主义行为理解为社会性合作，其结果仍然是为了增进行为者自身的利益。而我们在前面所理解的生物学意义上的利他主义行为是指牺牲个人的适合度而增加他人适合度的行为，两种理解差别很大[19]。一个减少这种差别的方式是使用适合度的概念来重新审视囚徒困境，这种做法是用适合度的概念来理解社会性合作，就像我们在表3-2中所做的那样。我们通过表3-2曾得出如下结论：在一个群体中只要存在利己主义者，随着演化的进行，最终会使得利他主义者消失。然后，以这个结论为出发点，我们讨论了互惠式利他主义。其实，这个结论过于简单化。英国科学哲学家奥卡沙指出，如果我们仔细分析它，就会发现比互惠式利他主义和汉密尔顿规则更具普遍性的利他主义的规则。

我们可以对表3-2中的利他主义者 A 和利己主义者 S 的演化做这样的假设：他们的繁殖是无性的，而且在繁殖中他们的所有性状都可以完整地遗传下来，也就是说，利他主义者的后代是利他主义者，利己主义者的后代是利己主义者。这样，我们就可以计算种群中利他主义类型和利己主义类型的平均适合度。利己主义类型的平均适合度 $W(S)$ 可用利己主义者 S 遇到其他利己主义者 S' 时的平均适合度加上利己主义者 S 遇到利他主义者 A' 时的平均适合度来计算：

$$W(S) = 5 \times p(S'/S) + 20 \times p(A'/S),$$

其中，条件概率 $p(S'/S)$ 和 $p(A'/S)$ 分别读为利己主义者 S

---

[19] 这个差别引起一系列与互惠式利他主义相关问题的质疑与讨论，参见 West et al (2007)和 Bowles and Gintis (2011)。

遇到其他利己主义者S'的概率和利己主义者遇到其他利他主义者A'时的概率。同理，利他主义类型的平均适合度可表达为

$$W(A)=0\times p(S'/A)+10\times p(A'/A)。$$

不难看出，无论是利他主义者A还是利己主义者S，只要他们遇到的类型是随机的，即$p(S'/S)=p(S'/A)$且$p(A'/S)=p(A'/A)$，那么，在演化中，利己主义类型的平均适合度高于利他主义类型的平均适合度，这就意味着利己主义类型会在演化中胜出。这就是我们刚才从表3－2中得出的那个简单化的结论。但是，如果利他主义者有意地寻找利他主义者为合作者，那么，只要利他主义组合(A, A')具有足够高的统计相关性，就可以使得利他主义类型的平均适应值$W(A)$大于利己主义类型的平均适应值$W(S)$，即$W(A)>W(S)$。在极端的情况下，即利他主义者只同利他主义者合作，利己主义者只同利己主义者交往，那么，我们就有$p(S'/S)=p(A'/A)=1$且$p(S'/A)=p(A'/S)=0$，这样，$W(S)=5$且$W(A)=10$，利他主义类型会在演化中胜出。当然，这种极端的理想情况很难在现实中实现。但只要利他主义者尽量地寻找利他主义者为合作伙伴，把(A, A')的统计相关性保持到足够高，那么，就能使得$W(A)>W(S)$，并最终让利他主义类型从演化中胜出(Okasha，2013)。其实，这很符合我们在现实生活中

的感受。具有利他主义与集体主义精神的人之间合作起来会更加有效、更加愉快,而不愿意与利己主义者或自私自利者合作,因为后者常常会给合作造成意想不到的麻烦。

这种建立利他主义者与其他利他主义者之间统计相关性的规则与“一报还一报”的策略相比,两者是兼容的,尽管并没有像后者所建议的那样,在发现同伴是利己主义者时也以利己主义的态度相对,而是建议尽量不与对方交往。前者使用适合度的概率来讨论问题,这使得它在生物学层面上更加直接。与亲族选择理论相比,可以说这种规则比汉密尔顿规则的原始含义更具普遍性。汉密尔顿在后期重新考查了汉密尔顿规则中系数 r 的含义。我们曾看到,这个系数是以血缘接近程度或内含适合度来理解的。后期的汉密尔顿则试图寻找一种更具普遍性的理解。他使用施惠者与受惠者之间的统计相关性来理解 r,这会大大增强亲族选择理论的说明力(Hamilton, 1970;1972)。而这正是上述建立在利他主义者与其他利他主义者之间统计相关性上的规则所暗示的。

第二节 基因选择

上节我们曾提到汉密尔顿的亲族选择理论与基因选择理论的数学表达是等值的,因此,亲族选择理论的绝大多数论据也支持基因选择理论。这一节我们来分析基因选择理论,以及它所引起的一系列概念上的讨论。顾名思义,基因选择理论把基因看作选择的基本单位。当它把基因看作唯一的选择单位时,就会既反对群体选择也反对个体选择。把基因作为选择单位可以说是新达尔文主义生物学产生的一个自然结果。在新达尔文主义生物学中,遗传的最主要的动力来自基因。基因选择理论最重要的倡导者是英国演化生物学家、动物行为学家和科普作家道金斯。他是牛津大学教授、英国皇家学会会员、英国人文主义协会副主席。他是当代对演化论和无神论最著名的辩护者。他的名著《自私的基因》(*The Selfish Gene*, Dawkins, 1976)与我们上面看到的威廉斯的《适应与自然选择》一起,在20世纪70年代使大多数生物学家们放弃了群体选择的立场。

道金斯在《自私的基因》中为我们展示了如下场景。基因最大限度地复制自己,使自己在不断的竞争中得以生存,个体只是基因进行和完成其复制任务的"载体"(vehicles)。我们在个体身上所看到的表现型层面上的适应其实都不过是基因获利的结果,而以群体为单位的选择和以物种为单位的选择根本无从谈起。基因决定着它所在的个体表现出的,在行为上、形体上和生理上的适应性。这些适应性帮助了个体的生存和繁殖,以保证被复制的基因能够在未来得以存在。因此,演化过程最终的受益者,即选择的真正单位是基因。从这个观点出发,汉密尔顿的亲族选择可以看成是基因选择:之所以利他主义行为作用于亲族,正是因为"自私"的基因把利他主

道金斯(Richard Dawkins，1941—　)

义行为当成繁衍自己的策略。只要满足汉密尔顿规则，这个策略就可以成功。

生物学研究表明，许多自然选择过程确实作用于基因。比如，生物学家们认为目前所展现的基因组结构多是自然选择直接作用在DNA片段上的结果，DNA片段上的一些部分具有在细胞分裂或减数分裂之前进行自我复制的能力。正是通过这种复制能力，基因组中的成分才得以在基因组中存在并传播。其中某些基因组的成分并没有表现型性状，被有的生物学家称作“废旧DNA”(junk DNA)。其实，它们的作用就是不断地复制自己，等待着某些极为微小的机会进入其他基因，并产生表现型性状(Doolittle and Sapienza 1980；Orgel and Crick 1980)。“废旧DNA”在生物学上被当作法外基因(outlaw gene)的一种。所谓法外基因，是指那些尽管与同一生物体中的其他基因具有不协调的作用，但仍被自然选择所偏爱的基因。另一个法外基因的例子是基因组内部冲突(intra-genomic conflict)的现象。多数情况下，一个基因组中的基因相互合作以保证它们所存身的机体的生存与繁殖。但有的时候，一些基因会为了增加自身的利益而牺牲基因组中其他的基因。其中一种现象是分离变相(segregation distortion)或减少分裂驱动(meiotic drive)的情况。在这种情况中，某些基因在杂合状态时，以非孟德尔比例即大于50%的比例分离，从而导致杂合子产生数量不等的两种配子。分离变相常常会引发对机体不利的表现型性状，所以，从个体选择的观点看，引发分离变相的基因减弱了机体的适应性。但从基因选择的观点看，分离变相的基因通过这种变化扩大了自己在后代中传播的机会，所以说基因选择才是对分离变相这种现象的最佳说明（Pomiankowski 1999，139－142；Sterelny and Griffiths 1999，57－59）。

上面这些例子，初看上去都不是我们常见的生物现象，有些可以说是一种反常现象。实际上，基因选择在我们熟悉的现象中随处可见。争夺一块有限的自然资源的物种之间的竞争，就可以看成为这些物种的基因之间的竞争。最近美国正努力控制亚洲鲤鱼对美国淡水湖区的入侵。20世纪70年代，美国为了抑制池塘和湖泊中的水草、水下植物、藻类、污物和寄生虫，曾在一些边远的河流中引入亚洲鲤鱼。但不久就发现亚洲鲤鱼在美国没有天敌，繁殖迅速，很快就战胜河流和湖水中的土著鱼类，并不断向美国的内陆湖区扩张，严重地影响了途经水域的生态系统，以致现在不得不寻找控制亚洲鲤鱼繁殖和扩散的方法。在这个事件中，我们可以把亚洲鲤鱼在美国淡水域中的入侵，看成是亚洲鲤鱼的基因与土著鱼类基因的竞争。在竞争中，有的基因胜出，有的基因则被淘汰。

道金斯的基因选择理论仅靠这些经验现象的支持是不够的，因为个体选择和群体选择也有着相应的经验支持。因此，他必须给出更具说服力的理论论据。道金斯在《自私的基因》

一书中的不同地方表达了这个论据，其中一个清晰的表达是这样的：

> 自然选择的最普通的形式是指实体的差别性生存。某些实体存在下去，而另一些则死亡。但为了使这种选择性死亡能够对世界产生影响，一个附加条件必须得到满足。每个实体必须以许多拷贝的形式存在，而且至少某些实体必须有潜在的能力以拷贝的形式生存一段相当长的进化时间。小的遗传单位有这种特性，而个体、群体和物种却没有。(Dawkins 1967,44)

在这段中隐含的论证可以表示如下：

(D1) 自然选择的单位是一种具有差别性生存的实体。

(D2) 成为这个差别性生存的实体需要满足的一个必要条件是它能通过拷贝复制自己，并以此在演化过程中获得长时间的生存。

(D3) 小的遗传单位即基因具有(D2)中所说的该实体的特征，而更大的遗传单位如个体、群体和物种等则不具备此特征。

结论：只有基因才是自然选择的单位。

(D1)是个没有争议的命题。自然选择作用的对象就是那些在演化过程中有的活着、有的死去、有的适应性好些、有的适应性差些的实体,无论是基因还是个体、群体或物种都是这样的实体。其中能够成为自然选择单位的实体需要满足一些条件,这些条件由(D2)给出。这个条件是说能够成为自然选择单位的实体必须是能够通过复制自己而或获得长时间生存的实体。在其他地方,道金斯指出这个条件在演化中意味着该实体需要有三种能力:长寿、生殖力和精确复制(Dawkins 1976,23; 47)。这三种能力越强的实体,在演化中就越具有稳定性。"而达尔文的'适者生存'其实是稳定者生存(survival of the stable)这个普遍法则的一种特殊情况。"(Dawkins 1976,15)也就是说,(D2)所给出的条件是稳定性条件所要求和决定的。

(D3)宣称只有基因而不是个体、群体或物种能同时具有长寿、生殖力和精确复制的能力,从而能够通过复制自己而获得长时间生存。这里的基因,按照道金斯的定义,是指染色体物质中的任何一部分,它能够高度精确地复制自己,可被称为"复制子"(replicator)(Dawkins 1976,37)[20]。所谓复制,是指复制子产生出一个与自己一样的拷贝。细胞在进行有丝分裂时,细胞中绝大多数的染色体都能进行完美的复制。复制子可以是染色体中一个很短的片段,也可以是一个更长的片段。它的一个重要的特性是,当片段越短,即遗传单位越小时,它

[20] 在卢允中、张岱云的中译本中,"复制子"一词被译为"复制基因"。

的寿命就越长。如果我们把人的细胞中整个染色体当作遗传单位时,它的寿命只有一代。如果把其中一部分当作遗传单位,它可能来自亲代或亲代的亲代。如果把这个部分再细分,分得很小,那么,这个很小的复制子有可能与其他动物甚至植物体内的复制子相同。这就意味着,我们与这些动物或植物共有相同的祖先。这个复制子在很多世代之前,通过某些生物化学过程被产生之后,通过不断的复制,与其他基因一起创造出不同种类的载体并生存于其间。如果它所存身的某些物种在演化时被淘汰,它仍然能够通过所存身的其他物种的个体继续生存下去。一个特定的单个基因即一个基因殊型的生命是有限的,但是它的复制品所形成的谱系可以一直不断地延续下去。在这个意义上可以说,这种小单位的复制子不会衰老,接近于不朽(Dawkins 1976,45)。个体则不具有这种长寿、生殖力和精确复制的能力。在有性生殖的物种中,个体的寿命只有一代。子代无法成为亲代的精确复制。群体是比个体更大的单位,它们是演化中的临时聚合体,其存在很不稳定。种群可以延续一个时期,但它们不断与其他种群混合而失去精确复制的能力,因而不具备独立的特性。建立在种群概念上的物种概念自然也与种群共有同样的弱点。因此,在道金斯看来,个体、群体和物种与基因相比,都不能完全具备(D2)所要求的特征,无法成为自然选择的单位。

从这种基因选择单位的立场来看,个体选择单位的立场是肤浅的。表明上看，自然选择的直接形式似乎总是表现在对个体水平上的某些性状的选择。但这只是表面现象，实际上，演化就是基因库中某些基因变多了、某些基因变少了的过程。在这个过程中，基因的生存方式是，与来自基因库中其他伙伴进行合作，垄断地制造最终必将消亡的自己的存身机器，而生物个体就是基因的存身机器。个体是基因的贮存器，是基因的载体，其作用是为了给基因提供保护层，以抵御该基因的竞争对手所发动的化学战以及意外的分子攻击。对个体的一种方便的看法是把个体看成是一个行为者，它“致力”于在未来的世代中增加基因的总量（Dawkins 1976，61 - 63）。基因通过大脑或神经对动物个体做出如下全面的和策略性的指示：请采取任何你认为是最适当的行动以保证我们的存在（Dawkins 1976，81）。这是一个演化上稳定的策略（ESS）[21]。也就是说，该策略一旦被确立，个体的其他策略与之相比都不过是偶然的异常，无法与之竞争。

对于群体选择单位的立场，道金斯认为那是因为有些动物行为学研究者错误地沾染了奢谈“社会组织”的习惯，他们动辄把一个物种的社会性组织当作具备作为实体条件的单位。而实际上，基因选择单位的立场完全可以通过演化上稳

[21] 值得注意的是，道金斯虽然在《自私的基因》一书中否定了个体选择单位的立场，但在随后的研究中宣称基因选择与个体选择并非不相容，而不过是理解演化过程的视角不同（Dawkins，1982）。

定的策略来说明一个由许多独立的自私实体所构成的集合体,如何最终变得好像是一个有组织的整体。道金斯做了个比喻:就好像一个八人组的赛艇队的教练,可以根据运动理论得出这样的结论,即最好的组合是四个左手桨手和四个右手桨手的组合。然而,这个结论并不一定要从运动理论中得出。它也可以在较低水平上,通过桨手们在不同的组合中所表现出来的成绩来得出。只要各种组合的成绩足够多,就可以显现出四个左手桨手和四个右手桨手的组合是最佳组合,因为它是一种演化上的稳定状态。也就是说,完全不用预设任何运动理论,演化上的稳定状态就可以说明什么是最佳组合。与此类似,社会性组织也完全可以在单个基因的水平上由演化上稳定的策略来说明,而无需把种群的行为看成是一个进行自我调节的整体。

围绕着道金斯的基因选择理论所产生出的一系列争论形成了自然选择单位问题中最本质的分歧。在讨论这个分歧之前,需要介绍由此分歧所引出的一些重要概念。道金斯把自然选择的对象分为复制子和载体的做法引起了一系列后续的本体论反思,并最终将选择单位问题从新达尔文主义生物学在技术层面上的讨论引入哲学层面。美国西北大学的科学哲学家和生物哲学家霍尔(David Hull)指出复制子和载体的区分的普遍性不足,即无法照顾到有关选择单位的讨论中许多重大问题,因而,建议用复制子和互动子(interactor)的区分取代之。在霍尔看来,“复制子”是指这样一些实体,它们通过复制把自身的结构遗传给子代。“互动子”是指这样一些实体,它们作为一个整体与环境互动,或者影响后代的数量分布,或者增加广义适合度,并最终影响复制子的生存寿命[22]。所谓演化,就是互动子通过与环境的互动产生差别性复制的过程。这个复制过程产生的最典型的结果是物种,但更具一般性的结果是谱系(lineage),即由一个祖先物种经过中间物种到特定的后代物种的线性进化顺序。在霍尔的概念体系中,谱系被看作为这样一种实体,它是复制和互动的结果,随着时间不断地变化(Hull 1980,315,318,327)。从谱系概念的视角来看,道金斯基因选择论据中的前提(D2)和(D3)可以分别表达为:

(D2′)成为这个差别性生存的实体需要满足的一个必要条件是它能够形成谱系。

(D3′)小的遗传单位即基因能够形成谱系,而更大的遗传单位如个体、群体和物种等则不能。

我们在后面会看到,很多对道金斯的争议更倾向于围绕

---

[22] 有的学者倾向于把霍尔的“互动子”看作是道金斯的“载体”的同义词。这种用法虽然在讨论许多问题时较为简便,但并不完全准确。在道金斯那里,复制子与载体的关系相当于基因型与表现型的关系,前者产生并控制后者,而基因自身不能是载体。在霍尔那里,互动子是指一个生物实体与环境互动的功能,这个功能与复制的功能不同,但一个复制子如果也具有与环境互动的功能,就也能成为互动子(Hull 2001,47)。

着(D2′)和(D3′)来进行。

霍尔基本上同意道金斯的(D2′)和(D3′),即基因是主要的复制子,因为基因能够满足长寿、生殖力和精确复制的条件而形成谱系。略微不同的是,谱系概念的标准更加宽泛,它允许把无性繁殖的单细胞个体也看作复制子。霍尔与道金斯最大的不同在于对互动子的态度。霍尔指出,许多生物学家在谈论自然选择单位的时候,并没有谈论复制子的问题而是谈论互动子的问题。如果说复制子的问题是关于选择单位的问题,那么,互动子的问题就是关于选择的层次(level)的问题。所谓层次,是指生命世界被分成不同的组织性阶层(a hierarchy of organizational levels),比如基因、细胞、机体、集落(colony)、种群、物种、生态系统等。生命的不同阶段可以展现出不同的层次。比如,在一个蜂房的早期存在史中,自然选择的焦点在相互竞争的蜂后之间;而当整个蜂房只剩下一个蜂后之后,自然选择的焦点就转移到蜂房本身。自然选择的层次问题可分为两个问题:复制子在哪个层次发生? 以及互动子在哪个层次发生? 这两个问题是生物学中的极为重要的问题。这是因为要理解自然选择,最重要的性质不是结构复制,而是遗传信息传播的直接性。

复制子直接复制自己,但它与环境的互动则不是直接的,而生命体正是通过与环境的互动来改变自己的广义适合度的。互动子直接与环境互动,但多数互动子只能间接地复制自己。当生物学家们在讨论生命体的广义适合度时，他们是在讨论互动而不是在讨论复制。复制过程涉及超出复制子之外的实体，而演化是这些实体与环境互动的结果。这些互动带来了传代之间的精确复制以及个体机体的成长和发育。在霍尔看来，复制子和互动子是理解自然选择的两个不可或缺的条件。“忽略复制，就会遗忘结构在世代中传输的机制。忽略让复制子有差别地分布的因果机制，就会把演化过程简单化为‘染色体的加伏特舞’(gavotte of the chromosomes)——借用汉密尔顿的词汇。把演化理论完全地简单化为复制子的频率，其代价是大大地减少了演化理论的经验内容。”(Hull 1980，320)自然选择是复制和互动这两个过程交互作用的结果。在复制过程中，基因应该是最基本的选择单位。在这一点上霍尔认同道金斯的观点。霍尔试图表明他与道金斯的不同，是在于自己认为互动过程可以发生在不同的层次上：基因、细胞、个体、集落、繁殖群或物种。

霍尔的讨论促使道金斯修改了自己的观点。在 1982 年出版的《延展的表现型》(*The Extended Phenorype*, Dawkins 1982)一书中，道金斯承认基因选择与汉密尔顿的个体选择并不相互冲突，并不存在一个正确、另一个错误的选择，而可以看成一个硬币的两面，展现了不同的研究视角。前者是从复制子的视角看，后者从载体或互动子的视角看。自然选择并不直接作用于基因，而是间接地通过载体或互动子起作用。

正是个别的机体而不是基因进行着生存、繁殖和死亡的过程。

除了霍尔提出的互动子的概念外，还有两个与基因选择问题关系密切的概念，是由美国印第安纳大学的科学哲学和生物哲学家劳埃德提出的“受益者”(the beneficiary)和“适应展示子”(the manifestor-of-adaptation)(lloyd, 2007; 2008: Chap. 4)。“受益者”一词从表面看上去并不难理解，它是指在以自然选择为机制的演化过程中的受益者，但其实它有两重意思。第一重意思是在长期演化过程中最终的受益者；第二重意思是在自然选择过程中获得适应性的受益者。对于最终的受益者，从互动子或从复制子的角度来看，其理解颇不相同。从互动子的角度看，在长期演化过程中最终的受益者可以是物种或谱系；而从复制子的角度看，最终的受益者则展现在基因层面上，即幸存的等位基因。物种或谱系作为最终受益者是长期演化过程中所形成的结果。与这个被动形成的结果不同，幸存的等位基因在一开始就主动地和因果地引发使自己在选择过程中胜出的演化过程。因此，有学者指出，道金斯的基因选择理论中的受益者是一个能动者(agency)的概念(Hampe and Morgan 1988)。这个作为能动者的最终受益者的概念表达了复制子的一个本质性特征，即复制子对一切自然选择的后果，包括在表现型层面上的后果，负有因果性的责任(Lloyd 2007,51)。

而受益者的第二重意思，即获得适应性的受益者，则基本上是从互动子的视角上所理解的。自然选择过程使得某一演化层次上的实体的适应度有所增加，因此，我们说这个实体是演化的受益者。有不少生物学家喜欢用这种方式来理解演化受益者概念（如 Williams 1966；Maynard Smith 1976；Vrba 1984；Eldredge 1985）。对于道金斯来说，生物的机体当然可以是获得适应性的受益者，但这个事实并不重要，他的基因选择理论真正所关心的是演化的最终受益者及其所引发的因果机制。他选择了从复制子的视角上看待这个问题。

劳埃德提出的"适应展示子"的概念也与选择单位和层次的问题密切相关。我们曾看到，互动子就是能够通过与环境的互动而增加适应性的实体。在种群的自然选择过程中，哪个层次上的实体展示了适应性的变化，自然选择就可以发生在哪一层次。然而，对适应性却有两种理解方式，即存在着两类适应性的展示子。第一类是把适应性理解为作为自然选择的直接结果的性状，即任何在自然选择过程中幸存的性状都被定义为具有适应性。这种适应性被劳埃德称为作为选择结果的（selection-product）适应性。第二类适应性是指那些能够使宿主更好地适应周围环境的性状。这个性状好像为宿主提供一个好的设计，因此被劳埃德称为设计式（engineering）的适应性。作为选择结果的适应性的例子是著名的飞蛾颜色因环境工业化而变化的事件。在工业化初期，曼彻斯特附近的树木颜色都比较淡，生活于其中的深色飞蛾就容易被鸟类捕食，因而浅色飞蛾数量就多于深色飞蛾的数量。而在工业化程度增加之后，工业污染杀死了地衣，树皮的颜色变深，使得浅色飞蛾更容易被鸟类捕食，这又造成了深色飞蛾的数量超过浅色飞蛾的数量。在这个例子中，工业污染造成了环境的变化，造成了深色性状的适应性的增加，这种适应性是选择的直接结果。设计式的适应性的另一个例子是常出现在演化论教课书上的达尔文之雀。不同种的雀科鸣禽为了适应各自所在的极为不同的食物分布，发展演化出性状和功能均十分不同的喙。自然选择在不断变化的基因和表现型背景之下逐渐地“设计”出这些祖先雀的喙所无法具有的性状和功能，并使得新的雀种因新的喙而适应环境的变化。

作为选择结果的适应展示子和作为设计式的适应展示子的区别，对梳理和解释选择单位和层次问题至关重要。我们在前面看到的威廉斯对群体选择的批判可以从适应展示子概念的视角来理解。群体选择理论的基本观点是：选择之所以在群体层次上进行，是因为群体因在个体层次上的某些性状和行为受益，而这些性状和行为却有损于个体利益。威廉斯认为群体的受益并不意味着群体选择的正确，因为群体受益并不一定意味着群体适应性的增长。在威廉斯看来，能够建立群体选择的适应性应该是在群体层次上性状演化的结果，是为了群体的利益而设计出来的。在这里，威廉斯所要求的正是设计式的适应性。存在着某种使群体受益的性状只意味着作为选择结果的适应展示,如果它不是作为设计的适应展示子,则无法给出群体选择的因果机制。正如劳埃德所指出的,隐含在威廉斯的论据中有如下重要的假设,即群体层次能够作为选择单位需要满足两个条件:第一,群体是互动子;第二,群体是设计式的适应展示子。满足这两个条件的才能成为自然选择的单位(Llody 2007,54; 2008,70)。

劳埃德的适应展示子的概念同样可以让我们更深刻地理解道金斯的基因选择理论。我们刚才看到,道金斯认为复制子是唯一能够在演化过程中幸存的实体,因而它才是真正的和最终的受益者。互动子或载体为了复制子的利益与环境互动,而适应则指的是复制子的适应,即复制子才是适应展示子,而且,只有复制子才能够既是作为选择结果的又是作为设计的适应展示子。这就意味着,复制子是演化过程中具有真正能动性的实体,它因果地引发表现型性状,所以,它才是真正的选择单位。

第四章

围绕着基因选择的争论

道金斯的基因选择理论的重要性自不待言。它充分展示了只要生物包括人类的行为是演化的结果，就必然地受到基因的影响。对于这个事实生物学家们并无异议。但对于基因的这种影响在多大程度上能够为自然选择提供充分的说明则是个充满争议的问题。这一章将讨论对基因选择理论的最主要的几个批评。第一节讨论对道金斯论据中(D2)和(D3)两个前提的质疑。这些质疑试图展示，把选择单位问题归结为复制子的某种特性是一种过于狭隘的理解。第二节讨论一种对基因选择的辩护策略。根据这种辩护策略，基因即使无法因果地引起生物界所有层次上的性状变化，它仍然能够通过统计频率的方式为这些变化提供有效的和具有统和力(unifying power)的说明。但是，对于一些生物学家来说，性状变化的因果机制难以充分地被基因所给出的统计频率关系来说明。第三节讨论对基因选择的一个批评，即自然选择无法直接作用于基因，基因只能通过其他中介才能被选择，因而，与选择直接作用于其上的表现型相比，基因并不是一个更好的选择单位。第四节讨论对基因选择的另一个批评。根据这个批评，基因只有依赖于环境相互作用之后才能成为选择单位，因此，选择单位问题必须依靠互动子概念的介入才能真正地获得解决。这个批评引发了学者们对互动子的关注，并因此使得选择单位和层次的讨论进入导言中所提到的阶段三。

第一节　对(D2)和(D3)的质疑

我们先看一看对道金斯的基因选择论据所产生的疑问。首先是对(D2)或(D2′)的质疑。(D2)认为作为选择单位的实体必须能够通过复制自己而获得长久生存，从而形成选择结果的积累。用(D2′)的术语来说，选择结果的积累必定通过复制子而形成谱系。一个怀疑(D2)和(D2′)的论据认为，选择结果的积累有时无需通过复制子所形成的谱系。在上面提到的曼彻斯特工业化过程中飞蛾颜色的变化，就说明了自然选择可以作用于种群的个体所拥有的一些性状。飞蛾的种群中会出现深浅不同的颜色，因环境原因，不同颜色的飞蛾所受到的选择压力各不相同。颜色这种性状不是复制子，一种颜色并不复制自己，也无法形成谱系。一个个体的颜色会在繁殖中因减数分裂而消失，但又会由配子的不同组合在后代中重新出现，而且，自然选择会使得其出现的频率有所变化。飞蛾的颜色作为一种表现型性状，无法像基因型那样在亲代殊型

(token)与子代殊型之间建立直接联系,但正因为它在代传中不断地出现,自然选择仍然可以作用于其间。当环境足够稳定时,自然选择可以使某一种颜色在飞蛾种群中稳定地存在。研究这类表现型性状的选择结果的积累,可以独立于与此相关的基因或复制子的谱系研究。比如,动物学家们对蝴蝶翅膀的形状、颜色和花纹等性状的研究表明,自然选择会使得某类形状、颜色或花纹在种群中稳定下来(Dilão et al. 2004; Nijhout and Paulsen 1997; Nijhout et al. 2007; Sekimura et al. 2000)。这个选择过程并不完全由基因决定。一些基因在这个选择过程的早期有利于相应的性状在种群中传播,但在后期则又起到阻碍作用。例如,某种翅膀的形状需要某一特定含量的化学成分,同时,某一基因能够抑制蝴蝶体内的这种化学成分通过新陈代谢转换为其他成分。那么,当这种基因在选择过程的早期大量需要该化学成分时,就会有助于选择的进行;但在选择过程的后期,当该化学成分的过量产生会威胁到相应性状在种群中的稳定存在时,这种基因就会阻碍选择的进行。这个例子展示了一个可遗传的表现型性状在种群中的传播,并不一定要伴随着影响该性状的基因或基因型在该种群中的传播。这意味着这个可遗传的表现型性状的选择积累并不像(D2)和(D2′)要求的那样通过复制子来形成谱系,而是可以通过其他手段,例如作为互动子通过生殖来形成演化的累积。

我们再来看针对(D3)和(D3′)的怀疑。我们先来回忆一下(D3)和(D3′)的理由。(D3)和(D3′)认为只有基因才能作为复制子而形成谱系,因为只有基因才能够让子代精确复制亲代的结构,并使得这个结构在传代过程中一直保存下去。这种通过复制子进行的传代过程和父母与子女之间的传代过程有着本质的区别。父母的基因组各自进行减数分裂之后重新组合产生了子女的基因组。在这个传代过程中,父母基因组的结构无法像复制子那样精确地复制给子女。道金斯正是以这种对基因的传代过程与其他种类的传代过程的区别为理由建立起(D3)和(D3′)。道金斯的这个理由是有其自身的理据的。这是因为道金斯想要通过对自然选择单位的研究来解释演化的因果机制及其最终的受益者,而他所接受的因果机制是一个被称为分子魏斯曼主义(molecular Weismannism)的演化观点。19 世纪德国演化生物学家魏斯曼(August Weismann, 1834—1914)认为从卵子受精开始,细胞的发展分为两种过程:一种是身体或体细胞(soma)的发展;另一种是由单倍体配子作为单位的种系(germ line)的发展。在魏斯曼看来,体细胞的发展最终会死亡,而种系的发展则有永生的潜力。这其中的原因可以用图 4-1 来说明(Maynard Smith 1993,9)。

在图 4-1 中,我们用"*S*"来代表身体或体细胞,用"*G*"来代表生殖细胞(germ cell),用箭头来代表因果关系的方向。我们会看到生殖细胞因果地引发身体或体细胞的发展,而且生殖细胞可以通过复制因果地引起子代的生殖细胞,并最终

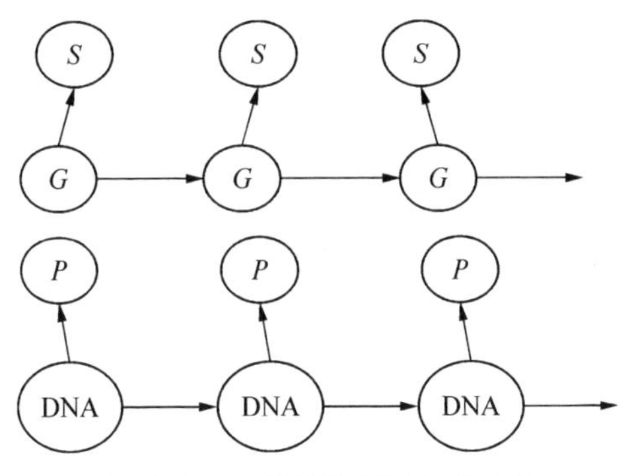

图示4－1　分子魏斯曼主义示意

形成向一个方向发展的谱系。然而，身体或体细胞却对生殖细胞不产生因果影响，而且身体或体细胞之间也没有因果影响，也就是说，身体或体细胞之间无法形成谱系。在魏斯曼看来，父母和子女在身体或体细胞上的发展并不存在着因果关系，因为子女的身体或体细胞不是父母的身体或体细胞的复制品。在分子生物学时代，我们可以把身体或体细胞换成表现型的性状"*P*"，把生殖细胞换成"DNA"，就可以得到分子魏斯曼主义的基本结构。在这个结构中，DNA 或基因可以通过复制而形成谱系，而生物机体以及机体所带有的表现型性状则无法形成谱系。

分子魏斯曼主义有其正确的地方，即在身体与基因之间的确存在着因果不对称性。基因的变化会引起机体内蛋白质的变化而造成机体结构及其表现型性状的变化，但机体内蛋白质的偶然变化却无法造成机体内基因结构的改变。然而，这个因果不对称性并不足以引出(D3)和(D3′),即无法得出只有基因才能作为复制子而形成谱系的结论。想要引出(D3)和(D3′)还需要加入一个前提:所有谱系即所有在演化过程中获得累积性成果的实体都离不开基因的复制。这个前提是令人怀疑的。梅纳德·史密斯举了一些不依赖于基因复制的谱系。一个机体可有不同种类的细胞,如成纤维细胞(fibroblast)、上皮细胞(epithelial cell)、白细胞(leucocyte)等。这些细胞是可遗传的,即在传代过程中,这些细胞的分类是稳定的。然而,这些细胞的分类并不总是由基因来决定的。同样的基因结构在不同环境中可产生出不同种类的细胞。比如,水虱(daphnia)的表皮在一个充满捕食者的环境中会长出刺。这种形态的变化是对环境刺激的反应,并没有引起基因结构的变化,却可以传给后代。另一个例子是亚麻在肥料充足时会引起形态的变化,只要肥料供应的环境不变,这种变化就会传给后代。这种变化即使在肥料缺乏时,仍然能够持续数代。研究表明,变化后的亚麻与变化前的亚麻相比,只引起了核糖体 DNA 复制数量的增加,并没有引起任何基因结构的变化。还有一个更为清晰的例子。科学家把草履虫身上的一块表皮割下后,按照相反朝向又重新装上,这样这块表皮上的纤毛朝向就转成了相反的方向。令人惊异的,这种人工改变的纤毛朝向会遗传给后代。被动过手术的草履虫的后代们身上相同部位的纤毛方向也相反(Maynard Smith 1993,11)。

一些学者明确地表示复制子不应像道金斯的基因选择理论所认为的那样，等同或基本等同于基因。比如，斯特瑞尼和格里菲斯就明确指出："不是所有的复制都是基因复制；不是所有的遗传都通过基因谱系。"(Sterelny and Griffiths 1999, 69)他们举的例子是共生现象在世代中的传递。共生是指两种生物不同程度地生活在一起的现象。比如白蚁和它肠内的鞭毛虫。鞭毛虫帮助白蚁消化木纤维，白蚁给鞭毛虫提供养料。若将两者分开，它们都不能生存。白蚁亲代把共生功能传递给子代并不是通过自己或鞭毛虫的基因，而是把鞭毛虫的种群给予子代。有些节肢动物在卵中就直接携带着它们的后代所依赖的共生对象。这些过程都可以看作无需基因参与的世代之间的复制[23]。

综合以上分析，我们可以看到，对(D2)和(D2′)的批评指出了有些谱系的形成不是因为复制子的运作，而是因为互动子在与环境互动的过程中产生的。而对(D3)和(D3′)的批评则指出了即使谱系是通过复制建立起来的，复制子也不一定是基因。这两种怀疑合在一起，可形成如下结论：演化的累积性结果未必一定由复制子所形成的谱系来展示。

---

[23] 斯特瑞尼和格里菲斯提出共生的例子，更多地是针对道金斯的基因选择理论，因为在道金斯看来，基因是唯一的复制子。然而，对另一位基因选择的辩护者霍尔来说，基因是典型的复制子，其他实体，如染色体、基因组甚至有机体本身都可以成为复制子。

第二节　基因视角下的演化

这个结论并不意味着基因不是自然选择的单位，因为没有人否认通过基因作为复制子所形成的谱系的确是演化的重要机制之一。对道金斯论据的怀疑的目的是想说基因选择并不是演化的唯一机制。认为基因选择是演化的唯一机制的看法可以被称作基因决定论（genetic determinism）。道金斯在《自私的基因》一书中所给出的支持基因选择的论据确有基因决定论的倾向。但我们在上一章也看到，后期的道金斯已经抛弃了基因决定论，承认自然选择可以作用于不同层次，并采取了一种更具一般性的论证策略，即基因选择比其他层次的选择更加基本。这个论据被叫做“账簿论据”（the bookkeeping argument）。它的基本思想是，基因变化才是记录演化过程的账簿，因为基因的竞争与频率变化记录了演化过程。它为生物学提供了表征、对比和说明演化变化的研究工具。无论自然选择作用于哪个层次，这个选择都可以从支配着相互竞争的表现型的基因及其频率变化的角度来说明。比如，一个具有利他主义精神的种群与一个更具利己主义精神的种群之间的竞争，可以被看成利他主义基因与利己主义基因之间争取更高频率的竞争。所有的选择都可通过探测支配着某些表现型的基因频率的变化来表达，因为细胞、个体、物种或种群等实体的适应性，都可以用相应基因的频率及其变化来刻画。

账簿论据比基因决定论弱，它不要求所有的演化累积成果都是复制子运作的结果，而承认互动子的运作也是演化的不可缺少的部分。但它认为互动子对演化过程的说明力远不如复制子。正是可以用频率来表达的复制子而不是互动子能够真正说明为什么自然选择作用在不同层次上。

账簿论据所要建立的理论，试图把基因当作理解不同层次的演化过程的助勘(heuristic)工具，这种做法也被称为“基因视角下的演化观”(the gene's eye view of evolution)。它与道金斯试图用(D1)，(D2)和(D3)建立起来的在经验研究层面上的基因选择(genic selection)不同。分清这个不同十分重要(Okasha 2008，144)。在经验研究层面上，基因选择的研究对象是作为基因组组成部分的基因的选择过程，这种研究试图对该过程给出因果说明。不难看出，这种研究只占内容广泛的生物学研究中的一小部分。而账簿论据要建立的基因视角下的演化观则是指在不同层次上基因频率的变化。我们在上面看到的梅纳德·史密斯所提出的那些反例是针对基因决定论的，它们并不对基因视角下的演化观构成反例。比如，从基因视角下的演化观看来，表皮长出刺的水虱身上的基因在充满捕食者的环境中，会比表皮没有长刺的水虱身上的基因具有更高的生存概率。同样，基因在不同形态的亚麻身上的生存概率是不同的，而摆动不同方向的纤毛也使得相应的草履虫身上的基因的生存概率不同。

做出基因层次上的选择和基因视角下的演化观的区分，有助于我们更为清晰地分析围绕着道金斯基因选择理论所产生的争论。我们不妨来看两个例子。第一个是个经常被讨论的例子，即索伯和列万廷提出的镰形细胞贫血症的例子(Sober and Lewontin 1982)。镰形细胞贫血是一种染色体隐形遗传疾病。它是由于血红蛋白分子中发生一处点突变，在氧分压剧烈下降时易于结晶，使血红细胞从正常的圆盘状转变为镰刀状。镰刀状的细胞易陷入毛细血管并在迁移中受到破坏而导致贫血。突变发生在血红蛋白β链第六位这个点上，其中的谷氨酸变为缬氨酸，使得正常珠蛋白基因HbA变为变异基因HbS。变异纯合体(HbS/HbS)的携带者患有溶血性贫血等症状，只有14%的人能活到成年。变异杂合体(HbA/HbS)的携带者临床表现正常。令索伯和列万廷感兴趣的是，变异杂合体的携带者在疟疾多发区要比正常血红蛋白(HbA/HbA)携带者更具适应性。这是因为变异杂合体(HbA/HbS)具有抗恶性疟原虫的特点。恶性疟原虫进入红细胞，吞噬细胞质，但HbS分子不如HbA分子易溶解，会大大增加细胞质黏性，使恶性疟原虫在(HbA/HbS)中得不到充足的养分。因此，变异杂合体(HbA/HbS)的携带者染上疟疾的比例比正常人低，在疟疾多发地更具选择优势。在索伯和列万廷看来，这个杂合体的选择优势很难被基因选择说明。这是因为选择的对象并不像基因选择理论所说的那样是镰形细胞的等位基因(HbS)和正常红细胞的等位基因(HbA),而是三个基因组或等位基因的混合体,即正常的纯合体(HbA/HbA)、变异纯合体(HbS/HbS)以及变异杂合体(HbA/HbS)。

这个例子确实是关于基因层次上的基因决定论的反例,即它展示了基因并不是唯一的选择单位,基因组也可以是选择单位。但它还无法成为关于基因视角下的演化观的反例。在《延展的表现型》一书中,道金斯承认选择可以在比基因更高的层次上进行,但这个高层次的选择最终仍然可以被基因层面上的选择来说明。他举了个例子。假设在一种蛾子的种群中,蛾子个体身上的条纹有横纵两种,由两种争夺同一基因座的基因所决定。那么,以上下方向(纵向)趴在树上的蛾子,如果身上的条纹是纵的,就会与树皮的条纹方向相同而形成自然的保护色。而如果这种趴向的蛾子身上的条纹是横向的,就会比身上条纹是纵向的蛾子更容易被捕食者抓获。再假设这种蛾子栖居时的趴向也有横(左右)、纵(上下)两种,分别由两种争夺同一基因座的基因所决定,那么,自然选择就会对基因组合为(条纹纵/趴向纵)和(条纹横/趴向横)的蛾子有利,因为它们在栖居时身体的条纹与树皮条纹一致而不易被天敌捕获。同时,自然选择也对基因组合为(条纹纵/趴向横)和(条纹横/趴向纵)的蛾子不利。因为它们更容易被天敌认出。从索伯和列万廷的视角看,这种情况应该被看成是基因组层次上的选择，而不是在单独的等位基因层次上的选择。但在道金斯看来，这种情况也完全可以被基因层面的选择来说明。等位基因（趴向横）在一个横条纹的蛾子占少数的种群中将不具有选择的优势，因为它与基因（条纹纵）形成配子的频率要大于与基因（条纹横）形成配子的频率。而当它在一个横条纹的蛾子占多数的种群中，就有更多的机会形成有利的基因组合（条纹横／趴向横），因而被自然选择所青睐。同理，当等位基因（趴向横）在种群中占多数时，它会有更多机会与等位基因（条纹纵）形成配子而产生不利（条纹纵／趴向横），从而增加自己的选择压力。因此，蛾子的趴向基因和条纹基因会产生一种“和谐合作”（harmonious cooperation），使得在基因组的层面上，自然选择青睐于（条纹纵／趴向纵）和（条纹横／趴向横）这两种组合（Dawkins 1982，241）。在这个说明过程中，基因层次上的竞争与频率变化记录了演化过程。

这种账簿式的记录同样可以处理镰形细胞的变异杂合体在疟疾高发区的选择优势。我们可以说，在疟疾高发区，当镰形细胞的等位基因（HbS）的比例稀少时，它会受到自然选择的青睐，因为它会有更多的机会与正常基因（HbA）形成变异杂合体配子。但当镰形细胞的等位基因（HbS）的比例增多时，它就会受到更多的选择压力，因为它有更多的机会形成变异纯合体（HbS/HbS）。在斯特瑞尼和基切尔（Philip

Kitcher)看来，道金斯的这种解释从根本上来说是应用了频率依赖选择(frequency-dependent selection)的规律。这个规律是说某一性状的选择优势(或劣势)依赖于该性状在相关种群中的频率(Sterelny and Kitcher 1988,342)。比如说，在一个种群中如果富有侵略性的鹰派基因占绝大多数，那么，少数的温和性的鸽派基因就受到选择青睐，可以在这个种群中扩大自己的比例。但当比例大到多于鹰派基因时，鸽派基因就会失去选择优势，而变成少数派的鹰派基因又会得到选择优势(Maynard Smith 1982; Kitcher 1985,88-97)。最终，种群中两种基因会产生出道金斯所说的"和谐合作"。在镰形细胞的例子里，正常珠蛋白基因(HbA)与变异基因(HbS)互相进入对方的选择环境。当血红蛋白开始发生变异并产生(HbS)时，(HbS)会获得选择优势，因为尽管变异纯合体(HbS/HbS)常常引发毁灭性结果，(HbS)仍可有很多机会与(HbA)形成杂合体而得到传播。但随着(HbS)的比例在种群中不断扩大，它的选择压力也会上升，因为它遇到(HbS)的概率越来越高。

频率依赖选择为基因与表现型性状之间提供了一种联系，这种联系可以通过统计频率来刻画。这是基因视角下的演化观说明镰状细胞例子的基本方式。这个说明过程本身是自洽的，但它是否能够说服反对基因选择的学者仍是个悬而未决的疑问。无论是支持基因选择还是反对基因选择的学者都有这样的共识，即一个令人满意的选择理论应该能够充分地说明选择的因果机制。我们也曾提到，道金斯的基因选择理论的根本目的是要寻求自然选择的最终受益者，并以此来说明演化的因果机制。这种对因果说明的要求意味着，对镰形细胞变异杂合体优势的统计频率的说明必须是因果相关的，即其统计频率所刻画的对象的适合度必须是因选择作用因果地有所增加的受益者。索伯和列万廷试图论证，即使基因选择采用基因视角下的演化观及其频率依赖选择的方法，仍然无法满足这种因果说明的要求。他们的论据是，有些时候镰形细胞杂合体的选择过程无法用基因的频率来表达，而只能用基因组的频率来表达。

为了更清晰地理解这一点，我们不妨用一种更具普遍性的符号来表达相应的频率。我们用 A 代表正常珠蛋白基因 HbA，用 a 代表变异基因 HbS。变异杂合体表达为(Aa)，正常纯合体为(AA)，变异纯合体为(aa)。同时，A 的适应度表达为 $W(A)$，a 的适应度为 $W(a)$，而 A 和 a 在基因库中的频率分别为 p 和 q，并且 $p+q=1$，那么，(AA)，(Aa) 和 (aa) 的频率分别为 p^2，$2pq$ 和 q^2。当 A 和 a 的频率保持动态平衡，即各占 50% 的时候，假设两种纯合体均夭折或无法繁殖后代，即 $W(AA)=W(aa)=0$，而 $W(Aa)=1$ 时，在基因层面上将看不到选择过程，因为 $W(A)=W(a)$。但是，在基因组层面上却因为 $W(AA)=W(aa)<W(Aa)$ 的关系，存在着变异杂合

体、变异纯合体与正常纯合体之间的选择。按照索伯和列万廷的描述：

> 在选择之前，三个基因型的比例分别表征为1/4、1/2、1/4，但在选择后频率就变为0、1、0。当幸存的杂合体繁殖之后，孟德尔规则会使得种群回到先前的1/4、1/2、1/4的结构。种群会继续在这些基因组中维持这种结构的锯齿形的变化，而同时会保持两种等位基因的比例各为50%。(Sober and Lewontin 1982，166)

这就是说，存在着一个因果的选择机制，它只能用基因组的频率变化来表达，而不能用等位基因的频率来表达。也就是说，在这个选择机制中，只能在基因型而不是基因的层面上表现出频率依赖规律。在一份近期的研究中，美国杜克大学的生物学家布兰登(Robert Brandon)和奈浩特(H. Frederik Nijhout)试图论证在基因漂变参与自然选择的情况下，基因型层面上的频率依赖规律比基因层面上的频率依赖规律更好地表达自然选择的因果机制(Brandon and Nijhout 2006)。这个结论是否能够成立是有争议的，但多数怀疑账簿论据和基因视角下演化观的学者们还是认为索伯和列万廷对基因层面上的频率依赖规律的批判是可以站得住脚的(Burian 2010；

Weinberger 2011)[24]。

第三节　可见性论据

在这下面两节里，我们讨论另一个对基因选择的批评。它是美国哈佛大学教授、演化生物家、古生物学家、科学史家和著名的科普作家古尔德(Stephen Jay Gould)提出的。对这个批评的讨论展示了互动子问题的重要性，也导致了许多学者开始接受对选择单位和层次问题的多元主义态度。古尔德的批评是在一篇评价温-爱德华的群体选择和道金斯的基因选择的文

㉔ 陈勃杭、王巍(2013;2014)对索伯和列万廷的论据以及布兰登的论据作了十分清晰的介绍，是国内少有的几个具有深度的研究之一，可供参考。但他们对索伯和列万廷批评的主要论据忽略了账簿论据的背景，其结论值得商榷。比如，在 $W(AA)=W(aa)=0$, $W(Aa)=1$ 时，他们认为如果实际观察种群中个体的生存与死亡，并记录下它们的等位基因，就会发现 p 并不像数学模型所说的那样保持在 50%不变，而是在 50%周围浮动，因此，索伯和列万廷用数学模型对道金斯的基因选择的批评并不合适。但是，陈、王两位学者忽略了道金斯的账簿论据的必要条件正是数学模型及其频率依赖规律。账簿论据要说的是，高于基因层次上的选择，如基因组选择、细胞选择、个体选择、种群选择等，都可以通过数学模型和频率依赖规律用基因层面上的频率变化来表达。索伯和列万廷并不认同账簿论据，他们怀疑用数学模型和频率依赖规律这种人造的工具是否能够充分地表达选择的所有因果机制。他们使用杂合体优势的例子是想说明，即使我们像道金斯的账簿论据要求的那样应用数学模型和频率依赖规律来表征选择的因果机制，仍然有些选择过程在基因组层面上的表达要优于基因层面上的表达。因此，陈、王两位学者的论据对道金斯的账簿论据来说才是真正致命的，它展示了数学模型和频率依赖规律的局限性。而对索伯和列万廷来说则无关紧要，因为索、列两人本来就怀疑数学模型和频率依赖规律在表征选择因果机制中的效力。

章的结尾处表达出来的，文字并不太长，我们不妨抄录于此：

无论道金斯赋予基因多大的力量，有一种东西他无法使基因具备，那就是自然选择施加影响时所应有的可见性。选择无法看到基因，无法直接作用于基因，选择必然需要身体做中介。基因是存在于细胞中的一段DNA。选择看得到的是身体。选择之所以有利于某些身体，是因为这些身体更强壮，隔离得更彻底，性成熟得更早，在搏斗中更凶猛，或者看起来更美。

假如在有利于更强壮的身体中，选择直接作用于导致身体强壮的基因上，那么道金斯可能是对的。如果身体是清晰的基因图像，而且DNA片段之间的搏斗会外在地表现出来，那么选择可能是直接作用于基因上。但是身体不是这个样子。

并不存在"决定"像你的左髌骨或指甲这样明确而细微的形态的基因。不可能将身体划分成一个又一个的部分，每一个部分由单一的基因造成。身体上大多数部分的构造与上百个基因有关，而且，基因的作用要通过环境千变万化的影响来传递；这些环境包括胚胎的、出生后的、体内的和体外的。身体的各个部分不能转译成基因，选择也不能直接作用于身体的各个部分。选择保留或者淘汰的是作为整体的生物，因为身体的各个部分以复杂

> 的方式相互作用，才表现出优势。设想单个的基因按照自己的生存轨迹发展，这与我们理解的发育遗传学毫不相干。道金斯需要的是另一个比喻：基因之间进行讨价还价，结成联盟，抓住机会，签订协议，把握住可能的环境。但是当聚合了这么多基因，将它们组合成等级分层的链，其作用受环境的左右，那么我们便将生成的客体叫做身体了。(Gould 1980, 92 - 93)

这段批评可分为两个部分。第一个部分是被斯特瑞尼和基切尔称为“可见性”(visibility)论据(Sterelny and Kitcher 1988, 351)，或被索伯称为“直接性论据”(the directness objection)(Sober 1984, 227)，即自然选择过程中，基因没有直接的可见性。第二个部分索伯称之为“环境依赖性论据”(the context dependence objection)，即基因必须通过与环境的复杂互动之后才能影响表现型。在索伯看来，这两个部分的论证方向略有不同。可见性论据要论证的是，自然选择作用于表现型层次，而不是基因型层次。环境依赖性论据允许自然选择作用于基因型，但认为单独的基因不应成为选择单位㉕。

㉕ 古尔德论据的基本想法之前曾被演化生物学家迈尔(Ernst Walter Mayr, 1904—2005)提出，来为其个体选择观辩护。迈尔曾说：“许多基因都没有一个标准的选择值。一个基因如果放在某一特定的基因型中可能是有利的，但是如果放在带有不同基因的基因型中可能又是有害的。”(Mayr, 1963, 296; 2001, 127)

我们在这一节里讨论可见性论据，在下一节里讨论环境依赖性论据。我们曾说过，道金斯的基因选择理论是一个因果理论，它把基因看作自然选择过程的最终受益者。因此，对可见性论据的一种理解方式是认为它要求基因必须能够直接地和因果地引起对表现型的选择。索伯指出这个要求过高，因为因果之间完全可以通过其他可传递的因素非直接地联系起来。比如，一个人拨电话叫救护车，电话的另一边接到电话后派出救护车前往。尽管拨电话的行为与救护车到来的行为并不直接相连，而是通过一系列其他行为相连，如电话铃响引起某人来接电话，接电话的人收到信息后调度救护车司机和护理人员出发等，我们仍然会认为拨电话的行为因果地引起了救护车的到来。与此类似，如果说基因因果地引起表现型的变化，而表现型变化又能够因果地引起生物体的生存率与繁殖率的变化，那么，我们就可以说基因也因果地引起了对表现型的选择。选择的最终原因要比直接相关的因果关系更为复杂，在这个意义上，我们可以说基因层次上对选择的说明要比表现型层次上对选择的说明更加深刻(Sober 1984，229)。

对可见性论据的另一种理解方式使用共因原则(the principle of the common cause)的屏蔽(screen off)性质来论证表现型是比基因型更为基本的选择原因。共因原则是由科学哲学家赖欣巴哈(Hans Reichenbach)提出的。它的基本意思是两个相互统计关联的事件 A 和 B 可以被一个共同的原

因 C 来说明，当 C 满足下列概率关系：

$$P(A/B\&C) = P(A/C) \neq P(B/C),$$

即 C 从 A 中屏蔽掉 B。比如，气压表下降(B)与暴风雨的到来(A)这两个现象总是统计相关的，但我们很难用气压表的下降来因果地说明暴风雨的到来。能够说明的两者的是气压条件的变化(C)，是两者的共因。共因 C 与 A 和 B 的关系满足上述的概率关系，即气压条件的变化可以从暴风雨到来中屏蔽掉气压表下降的现象。布兰登认为表现型可以从自然选择中屏蔽掉基因型(Brandon 1982)。如果我们用 G 代表基因型，用 P 代表表现型，用 O_n 代表一个生物个体繁殖数量为 n 的后代，那么，我们会发现它们之间存在着以下的概率关系：

$$P(O_n/G\&P) = P(O_n/P) \neq P(O_n/G)。$$

这是因为，即使基因型保持完整，在表现型特征受到损害时，生物个体的繁殖数量将受到影响。相反的是，在表现型特征保持完整的情况下，基因型的变化并不能影响该个体的繁殖数量。这意味着自然选择更直接地作用在表现型而非基因型上。

然而，用共因原则这个策略来为可见性论据进行的辩护并不成功。索伯提出了一系列怀疑的理由。首先，生物个体的繁殖数量并不是衡量进化成功与否的合适的变量，更重要的是繁殖后代的存活率。在上面提到的变异杂合体的例子中，我们曾看到，正常纯合体(AA)与变异杂合体(Aa)的表现型是相同的，它们的繁殖数量也是相同的，但变异杂合体(Aa)的后代会产生变异纯合体(aa)，而后者的生存率常常会十分低下。因此，变异杂合体(Aa)与正常纯合体(AA)的后代存活率实际上是不同的。因此，布兰登用 O_n 来代表选择的成功率的做法是不合适的。其次，索伯认为即使 B 被 C 屏蔽掉，也未必意味着 B 的说明力永远低于 C。回到打电话叫救护车的例子，在说明为什么救护车到来的现象时，我们可以用你拨通了电话这个事实来说明，也可以用接电话的人得知了你的求救的事实来说明。这两个事实中的一个可以屏蔽掉另一个，但我们却很难判定屏蔽对方的事实就一定比被屏蔽的事实提供了更好的说明。与此类似，即使表现型能够屏蔽基因型，布兰登还需要更多的论据来论证表现型的确比基因型能更好地说明自然选择(Sober 1992，146 - 149)。

另外，澳大利亚国立大学的生物哲学家斯特瑞尼和美国哥伦比亚大学的英籍科学哲学家基切尔也对布兰登的共因原则提出了批评。在他们看来，布兰登把屏蔽概率公式运用在基因型和表现型的关系上的理由出于如下逻辑：在基因型保持完整而表现型变化时，个体的适应度相应改变；而当表现型保持不变而基因型有所改变时，个体适应度保持不变。比如，一个蛾子拥有形成斑点翅膀的基因，如果在它幼虫阶段体内被注入黑色素，可以使得它之后形成黑色的翅膀，并在污染的环境中拥有更高的适应度。与此相反，一个拥有黑色翅膀的蛾子幼虫，如果阻断它形成黑色翅膀的过程，将会使它在污染的环境中减少适应度。斯特瑞尼和基切尔指出，这个逻辑问题在于，当布兰登用外在手段干预表现型的变化时，他所改变的也是等位基因的环境，以至于在原来的环境中处于选择优势地位的等位基因，一下子进入一个十分不利的新的选择环境中。但这种把等位基因相对于特定环境的做法并不合适。基因选择理论的支持者只要要求等位基因的繁殖数量 n 的平均值必须相对于所有环境，就可以避免被屏蔽的情况(Sterelny and Kitcher 1988，352 - 354；参见陈勃行和王巍 2014，36 - 37)。

看来，以直接的因果关系和共因原则这两种方法理解可见性论据都难以成立。更为可行的对可见性论据的理解来自斯特瑞尼和悉尼大学的生物哲学家格里菲斯。这两位学者认为，基因能够像基因选择理论指望的那样对自然选择给出说明，就必须满足以下条件：基因必须能够给相应的表现型以相对稳定的影响。但基因选择理论对基因的定义很难满足这个条件，因此引发了可见性问题(Sterelny and Griffiths 1999，Chap. 4)。这里需要澄清两个问题。第一，什么是基因选择理论的基因概念？第二，为什么基因选择理论需要满足基因必须能够给相应的表现型以相对稳定的影响这个条件？

我们先看第一个问题[26]。遗传代码中最小的意义和功能单位是密码子(codon),它是信使核糖核酸(mRNA)的基本编码单位,由三个相邻的核苷酸组成,对应一个氨基酸。而氨基酸又是构成蛋白质的最基本的单位。基因是比密码子更大的功能单位。在分子生物学领域中,一般把基因看成是染色体或基因组的一段 DNA 序列,它是一段可以转录为信使核糖核酸的核苷酸序列,而后者或者转变为蛋白质或者直接被细胞的新陈代谢所用。然而,在威廉斯和道金斯的基因选择理论中,基因的定义完全失去了构造蛋白的功能的意涵,它被定义为染色体上一段很短的 DNA 序列,这段序列必须足够小,不至于被减数分裂改变,否则就不能足够长寿以满足(D3)和(D3′)的要求。这个定义的另一个特征是基因可以是任意一段 DNA 序列。道金斯强调说:“当我说[基因是]‘任意选出的一段染色体时’,我的确是在说任意。我可以选出 26 个密码子,它们可以分布在两个顺反子之间[27]。这段序列仍然具有满足复制子的定义的潜能,它仍然有可能被看作等位基因。”(Dawkins 1982,87)可见性论据想指出的是,如果按照威廉斯和道金斯对基因的定义,基因是任意的很短的染色体片段,那

---

[26] 自 20 世纪纪初基因的概念被引入,生物学界对基因的定义经历了许多变化。关于这段历史及其与基因选择的关系,可参看(Burian 2010,142 - 146)。

[27] 顺反子是一个遗传功能单位,它是一段 DNA 能决定一个蛋白质分子的一个独立的多肽链,有时被看成是基因的同义词。

么,基因就可能无法给予表现型以相对稳定的影响。

这里就牵扯到第二个问题,即为什么基因选择理论会要求基因必须能够给相应的表现型以相对稳定的影响?即使是反对基因选择理论的人也不会否认这样一个最低限度的账簿论据,即所有的演化变化都牵扯到基因的频率变化。基因选择理论的支持者试图辩护一种更强版本的账簿论据。根据这个加强版本,基因的频率关系可以说明自然选择的结构和因果机制。我们在上一章曾提到,道金斯使用过赛艇队教练挑选最佳组合的例子。这个例子的基本思想就是,教练可以尝试所有可能的组合,然后根据最好的平均成绩就可以判定哪个是最好的组合以及哪个是最好的选手。然而,科学哲学的研究表明并不是所有有规律的关联,其中包括可用统计频率来表达的关联,都具有说明力。我们举个例子,任何具有语意内容的汉字都由不同的笔画,如横、竖、撇、捺、点等,以一定的顺序和数量组成。也就是说,任何有意义的汉字以及汉字所组成的词组或句子,都牵扯到笔画,并与笔画顺序和数量构成有规律的关联。一些重要的工具书如《辞源》、《汉语大字典》等,会以笔画的数量和顺序来编排。但笔画以及笔画顺序却无法说明汉字、词组以及句子的意义。基因选择理论之所以把基因当作自然选择的单位,正是因为它能够最有效地为自然选择提供因果说明。如果基因无法对表现型给出稳定的影响,那它与自然选择的关系就会类似笔画与汉字意义的关系那样，尽管有规律地相关，基因对表现型仍不具有说明力。道金斯曾说过，已经存在过的所有的 DNA 组合都可以由四个 DNA 核苷酸，即 A，T，G 和 C 来说明。斯特瑞尼和格里菲斯指出，这四个核苷酸的确与 DNA 的各种组成具有关联关系，但它们对自然选择并没有多大说明力，这是因为它们各自无法单独地对任何表现型施加影响。它们必须与其他的核苷酸一起在顺反子的环境中才能对表现型有所影响(Sterelny and Griffiths 1999,81)。而一旦它们的说明力依赖于环境因素，它们的可见性就必须依赖互动子的性质来保证。只要用复制子的统计频率来理解基因，就会产生可见性问题。

在这个 DNA 核苷酸的例子中，由于所选染色体片段太短，该片段无法独立地影响表现型。但即使是染色体片段较长的基因，也会出现不具有影响表现型能力的情况。比如，在上一章作为对道金斯基因选择理论的经验支持，我们曾举过法外基因的例子。这种基因是只顾不断复制自己却没有表现型的基因，它很好地展示了基因的“自私”特性。无论是因为染色体片段太短还是因为存在着没有表现型影响的基因，这些现象都表明了，道金斯所说的任意选出的一段染色体作为基因的看法难以避免可见性问题。对于基因选择理论来说，选择一个合适的基因定义以避免可见性问题是十分必要的。我们在上面提到过的分子生物学中的基因概念似乎并不被基因选择理论所接受。首先，分子生物学中的基因概念不允许道金斯那样把单独的核苷酸A，T，G和C看作基因。其次，分子生物学中的基因概念并不想去说明表现型性状的所有方面。比如，分子生物学中的基因概念可以说明为什么某些基因决定了犀牛长角，但这些基因却无法说明为什么非洲犀牛会有两个角。后一个事件需要引入环境的因素来说明，而引入基因之外的环境因素来对表现型性状的某些特征进行说明则要求引入互动子的概念，而这是基因选择理论无法接受的。

另一个在生物学上广泛运用的基因概念是针对表现型性状有无的功能性定义。比如，我们可以说“蓝眼睛的基因”，这个概念是相对于其他眼睛的颜色如“黑眼睛的基因”而言。再比如，我们可以说“美洲豹具有高速奔跑的基因”，这意味某种基因G^*使得美洲豹的奔跑速度远远高于其他动物的平均速度，即这种速度是美洲豹所有而多数其他动物所没有。可以说，这是我们在理解生物现象时最常用的基因概念，同时，这也是一个十分清晰的概念。然而，这个基因概念对基因选择理论未必适用，因为这个概念尽管保证美洲豹的高速奔跑能力被与其相应的基因G^*所决定，但并不保证G^*是一个单独的基因谱系的结果。有可能美洲豹高速奔跑的能力是由不同的基因在特定的环境下共同作用的结果，即G^*并不是形成谱系的复制子，而是一组不同的基因以及与它们互动的特定的环境因素。因此，这个基因的概念不仅是复制子也必须是互动子，这显然不是基因选择理论能够接受的（Sterelny and Griffiths 1999，89 - 90）。

总之，基因选择理论在处理基因如何能够给予相应的表现型以稳定影响这个问题上，的确遇到了可见性的困难，其原因与基因选择理论独特的基因概念密切相关，这个概念要求基因必须是能够形成谱系的复制子。以上的分析展示了这个概念并不足以说明基因层面和表现型层面上的因果机制，其中一个重要的原因就是它忽略了基因与环境的互动在说明这个因果机制时所起到的重要作用。这也是古尔德的批评中第二个部分即环境依赖性论据所涉及的问题。

第四节　环境依赖性论据和多元主义

要理解环境依赖性论据，首先需要厘清两个问题。第一，环境依赖性论据并不意味着自然选择不能在基因层面上进行或者自然选择不能以基因为单位。基因对表现型的影响以及基因自身的适应度必须依赖于各种环境因素，但这个事实并不意味着基因不能对自然选择过程给出因果说明。索伯指出，就像划火柴这个行为并不一定会引起火柴燃烧，因为火柴的燃烧需要一系列环境因素的配合，比如，火柴不是个玩具模型，火柴是干燥的，周围有足够的氧气等。但这根火柴燃烧所依赖的环境因素并不影响我们把划火柴看作它燃烧的原因（Sober 1984，23）。与此类似，基因选择理论的支持者们也不会否认基因的运作对环境的依赖，但他们也同时认为这个事实并不妨碍基因为自然选择提供可用的数学模型来表达的因果说明。比如，威廉斯就说过：

> 相信一个基因实际上存在于封闭的体系中，这个体系不伴有复杂的因素，除了抽象的选择系数和突变率之外，这显然是不现实的。基因型的统一性和个别基因在功能上的相互关联以及与环境的相互关联性，初看之下，似乎使得针对一个基因座位的自然选择模型不再有效。实际上，这些考虑与这一理论的基本假设没有关系。无论一个基因在功能上是多么相互依赖，也无论它与其他基因和环境的相互作用是多么复杂，这总是真实的，即一个假设的基因替代将对于任何种群中的适合度带来一个算术意义上的平均效果。一个等位基因总被认为具有一个特定的选择系数，它与给定时刻同样基因座位上的另一个等位基因有关。这些系数是能够通过代数方法来处理的数据，所得到的结果不仅对一个基因座位有效，而且也适合于所有的基因座位。于是，适应能被归之于在每一个基因座位上独立起作用的选择的效果。(Williams 1966, 46 - 47)

理解环境依赖性论据所需澄清的第二个问题是，如果基因与表现型的关系因环境作用无法一一对应，那么，基因的性质是否能够刻画表现型的性质？上面这段威廉斯的引文的后半段给出了用数学模型进行这种刻画的大致过程，这是对这个问题的一个肯定的回答。也就是说，无论基因与环境的关系多么复杂，我们都可以用一个基因的替换所引起种群中适应度的变化来计算基因对表现型的影响。不难看出，这也是账簿论据的基本精神。对这种基因与表现型关系的理解，斯特瑞尼和基切尔给出了一个更为形式的刻画：

> 在一个环境 E 中的物种 S 身上，存在着一个位于基因座 L 上的等位基因 A 与等位基因 B 相对，A 为一个性状 P^*（P^* 为可确定性质 P 的一种可确定的形式）负责，当(a)L 影响 S 中的 P；(b)E 是个标准的环境；(c)在 E 中，拥有 AB 的个体拥有表现型 P^*。（Sterelny and Kitcher 1988，350）

在与外在环境复杂的互动之中，一个等位基因只要能够满足上述条件就能说明表现型。

理解了上面这两个问题，我们就不难明白为什么古尔德的环境依赖性论据并不能论证基因无法成为选择单位或选择层次。环境依赖性论据依然能够吸引当代学者的理由在于以下两点：第一，它强调了生物体与环境的互动在理解自然选择过程中的重要作用，自然选择中的许多方面无法只用复制子来说明，而需要互动子的帮忙；第二，对互动子的关注引发了方法论上的多元主义态度。

我们先看第一点。在上一章中我们曾提到过霍尔对互动子或作为整体与外在环境互动的生物体在选择单位问题上的作用进行的辩护。在他看来，互动子可以因果地说明复制子的适应度的变化。不少生物学研究都印证了霍尔的这个观察。我们来看几个例子。首先，上面斯特瑞尼和基切尔给出的基因与表现型之间的形式刻画可以很好地说明个体发育学中的先成论(preformation)。这种理论认为动物的全部结构和功能早在卵子和精子中已预先存在，个体发育只是这些结构的机械扩大。然而，个体发育的很多现象却只能用后成论(epigenesis)来理解。后成论认为动物器官和形体是在个体发育过程中由简单结构逐渐分化发育而形成的。后成论的研究表明，具有相同基因结构的个体(如同卵双胞胎)并不一定具有相同的可影响其适应性的性状，因为当他们的经历和学习过程不同时，就可能会产生不同的发展(Jablonka and Lamb 2005)。

第二个例子是美国芝加哥大学的科学哲学和生物哲学家温萨特(Willam Wimsatt)对威廉斯的批评。上面威廉斯的引文中最后一句话说“适应能被归之于在每一个基因座位上独立起作用的选择的效果”。结合上下文的意思，这句话应该理解为任何性状的选择过程都可以通过对每个相关的等位基因的数学处理后的总平均值来表达。这意味着每个单个基因座位的适合度可以独立于对外在环境的考虑，但这个观点是错误的。温萨特指出，很多基因座位的适应度的变化依赖于其他基因座位上的变化（Wimsatt 1980）。比如，在非等位基因的相互作用中，一对等位基因可以对另一对等位基因起显性作用，这种现象叫做异位显性（ectopic dominance）。起显性作用的一对等位基因称为“上位基因”（epistatic gene），起隐性作用的一对等位基因称作“下位基因”（hypostatic gene）。在这种情况下，一个等位基因的选择效果并非如威廉斯所说的那样独立于环境，而依赖于与它形成异位显性的其他等位基因的比例。也就是说，这个等位基因是否被选择青睐，要看与它形成异位显性的基因座位上的等位基因的频率。其结果决定于该基因的生态环境和与其他基因的因果互动，这难以用对总体环境和种群分布的算术意义上的平均效果来计算。周期性的或零星的变化会极大地改变其他基因座位上的等位基因的比例，因而，无法根据某一特定种群构成的上位或下位基因的演化结果做出预测。要理解异位显性的基因型与表现型之间的关系，必须要了解该关系所在的特定选择环境中的因果过程，这是一个与环境互动的过程，不能只用相关等位基因的适合度加上谱系中基因组的某种频率值来刻画。也就是说，威廉斯的错误正是在于他的研究手段无法考虑到异位显性过程中互动子的作用。

第三个例子来自环境对复杂的生命史影响。比如，蚜虫可因不同的环境影响而产生不同的繁殖方式。许多蚜虫的繁殖为单性或孤雌生殖(parthenogenesis)。由于过冬后孵化的卵多为雌性，春夏之际多数或全部的蚜虫是雌性。这时雌性蚜虫会在4—5周内通过孤雌生殖繁殖雌性后代。在此过程中，通过减数分裂产生的卵在遗传上完全与母亲一样。尽管母女之间的基因结构完全相同，但由于摄取的食物不同，它们的形态和繁殖率会产生变化。比如，有的会长出翅膀并飞到其他的植物身上摄取食物，有的无法长出翅膀而只能停留在自己栖身的植物上。进入秋天之后，温度和光照周期发生变化，食物的数量和质量有所减少，有些雌性蚜虫开始繁殖出有翅膀的雄性幼虫和可进行有性生殖的雌性幼虫。这些雄性蚜虫与它们的母亲在遗传结构上除了少了一个性染色体外其余完全相同，而在形态上，它们有可能会缺少翅膀甚至口器。它们与能够进行有性生殖的雌性蚜虫交尾后，雌性蚜虫就产生可以过冬的卵。过冬后，孵化出带翅膀或不带翅膀的雌性蚜虫，这些雌性蚜虫只能进行孤雌生殖，从而开始新一轮循环。这种无性生殖与有性生殖之间的周期性转变并不总是发生。在温暖的环境中，例如在温室或在热带，蚜虫可以数年一直进行无性生殖。美国弗吉尼亚理工大学生物哲学和生物学史家布里安(Richard M. Burian)指出蚜虫的生命史展示了两个重要的方面。第一，环境因素与基因一起决定了一个蚜虫及其后代的主要性状。第二，刻画自然选择过程必须考虑合适的时间跨度，以便选择的累积性成果能够展现出来。在蚜虫的例子里，一年是合适的跨度，而一万年就不太合适了，这是因为蚜虫身上的基因层面上的变化都在一年之内发生。对于蚜虫来说，自然选择一般并不作用在单独的基因或性状之上，而是作用在不同的繁殖阶段，作为一个平衡机制来对应能够影响多种性状的不同环境。也就是说，自然选择是能够影响多种性状的不同选择压力的平衡，而不是影响单独基因或性状的某种影响力。这就意味着，自然选择过程已经不能只用复制子来把握，必须引入互动子的概念才能有效地说明自然选择如何作为一个平衡机制来对应各种环境(Burian 2010，150－151)。

这三个例子从不同方面展示了互动子问题的重要性。对互动子的关注，很自然地引起了方法论上的反思。为了更清楚地理解这点，我们不妨先回顾一下古尔德的论据。借用斯特瑞尼和格里菲斯的表达，我们可以把这个论据重构为两个前提：第一，基因 G^* 必须拥有可靠的表现型后果，否则对 G^* 复制的频率表达就成了一些互不相关的过程的平均值；第二，基因与表现型现象之间常常不具有一一对应的关联[28]。不难

[28] 斯特瑞尼和格里菲斯对古尔德论据的原始表达过强，无法回应我们已经讨论过的一些批评(Sterelny and Griffiths 1999，83)。因此这里略作修改，采用了更为温和的表达。

看出，前提一说的是可见性论据，前提二说的是环境依赖性论据。从这两个前提我们无法得出基因不能成为自然选择的单位的结论。我们曾提到过一些经验例子支持以基因为单位的自然选择过程。当前学者们所争论的并不是是否存在着基因选择，而是基因选择是否在自然选择中占主要的或主导的地位(Burian 2010；Sapienza 2010)。从这两个前提能够得出的结论否定了基因是自然选择唯一的或最重要的单位。就像斯特瑞尼和基切尔所指出的：

> 由于未能充分地反思种群与环境的概念，基因表征无法掌握涉及基因互动或后成限制。只要赋予单个等位基因独立于其他基因而运作的能力，基因选择理论就很容易落入幼稚的适应主义。从"P 的基因"这个表述进而断言对 P 的选择独立于其他机体的其他性状，这对我们永远是个诱惑。但是，在我们看来，基因表征的建构必须要考虑到基因和环境共同演化的限制。在道金斯的某些研究中透露出基因选择理论的危险，就在于在研究实践中完全忘记了等位基因所处环境的复杂性。(Sterelny and Kitcher 1988，360－361)

斯特瑞尼和基切尔区分了早期道金斯和后期道金斯的不同。所谓早期道金斯是指 1976 年出版的《自私的基因》一书的思想，它认为："自然选择有一个唯一正确的表征，这个表征可以把握自然选择的因果结构，并且这个表征把因果效力赋予了基因的性质。"后期的道金斯是指 1982 年《延展的表现型》一书所传达的思想："对自然选择存在不同的却同样好的表征，但对所有的选择过程而言，最充分的表征是把因果效力赋予基因性质的表征。"早期的道金斯是一元的基因选择主义（monist genic selectionism），后期的道金斯是多元基因选择主义（pluralist genic selectionism），因为后者承认存在着非基因层次的选择过程。古尔德的立场认同后期道金斯的多元主义，却放弃其基因选择主义，即放弃自然选择最充分的表征是来自基因层次的看法。古尔德的论据所暗示的多元主义认为各种层次的对自然选择的表征都可以是充分的。充分性的标准依赖于选择过程中的基因和表现型与环境互动的具体情况，并不存在一个普遍适用的充分性标准。就像索伯所说的，赛艇队的教练可以通过尝试不同的组合来选出最优秀的选手，也可以选出最优秀的组合。这两种选择的对象或单位不同，前者是个人而后者是群体，两者表征的充分性的标准也会随之不同（Sober 1984，233）。

斯特瑞尼和基切尔指出，自然选择可以采用传统的表征方式，即表征为由基因所决定的性状如何改变该性状拥有者的适合度，以及这种改变的后果，但也可以采取其他的表征方式。一种与传统方式不同的表征方式是分级选择（a hierarchy of selection),即认为有些选择过程可以表征为基因选择,有些为个体选择,有些为群体选择,有些为物种选择。分级选择的观点有两种形式;分级一元论(hierarchical monism)和分级多元论(hierarchical pluralism)。前者认为,对某一特定的选择过程来说,存在着唯一一种最充分的表征,它表征了该过程的真正的因果结构。后者认为对某一特定的选择过程,可以存在着不同层次的却又是同样充分的表征。尽管所有的选择过程都可以在基因层面上被表征,但其他层面上的表征也可以同样是充分的和有说服力的(Sterelny and Kitcher 1988, 359)[29]。也就是说,一个选择过程的原因可以正确地在不同的层次上说明,而且各种说明的本体论基础并没有绝对的高低之分(Waters 1991,555)。分级多元论的好处是,一旦我们承认存在着对自然选择的不同层次的却又同样有效的表征之后,学者们就可以停止讨论什么是真正的选择单位或层次(Kithcer, Sterelny and Waters 1990,61)。

---

[29] 并不是所有学者都认同任何选择过程都可以在基因层面上被表征的观点。不难看出这正是账簿论据的观点,它认为所有其他层次的自然选择过程都可以通过基因层面上的频率变化来表达。我们在上面也提到了索伯等人对这个观点的批评,其他的批评包括 R. A. Wilson (2003); Shanahan (1997); Gannett (1999); Sarkar (2008); Van der Steen and van den Berg (1999)。另外,一些学者认为基因选择和多层级选择在数学上是等价的(Dugatkin and Reeve 1994; Sterelny 1996; Kerr and Godfrey-Smith 2002; Waters 2005),但另一些学者对此表示怀疑(Lloyd, Lewontin and Feldman 2008)。

第五章
作为互动子的群体

对互动子在选择单位和层次问题上所起到的作用的认同以及多元主义的态度使得更多学者开始寻找基因之外的单位或层次，并展开了一系列卓有成效的研究。这些研究构成了导言中所提到的阶段三中的主要工作领域。本章介绍其中两个重要的研究成果。第一节介绍性状群体选择理论对利他主义行为的诠释。这种诠释使得群体选择的思想在因威廉斯和道金斯的批评而沉寂了 20 年之后重新回归到学者们的讨论视域中。第二节介绍几种物种选择理论。物种是大于个体的单位和层次。把它当作一种什么样的互动子是这些理论讨论的焦点。讨论的结果显示要给互动子一个令人满意的刻画并不是一件容易的事。

第一节　群体选择的回归

20 世纪 80 年代后期，群体选择再次引起学者们的注意，一个重要的原因是由于美国纽约州立大学的生物学家大卫·

斯隆·威尔逊和威斯康辛大学生物哲学家索伯成功地使用一种全新的群体选择的概念来重新说明利他主义行为(Wilson, 1983;1989/2006;1992;1997; Wilson and Sober 1989;1994; Sober 1984; Sober and Wilson 1994;1998)。这个群体选择的概念把群体看作互动子,即通过对环境的互动可以影响其中个体适合度变化的实体。更具体地说,威尔逊和索伯把互动子定义为一个各部分共同承担同一命运的实体[30]。所谓同一命运是指在一个共同的因果进程中的繁殖命运。也就是说,成为一个群体不只是因为其中的个体组成一个种群,还因为这个种群中的每一个个体的繁殖命运都承载在同一个因果进程中。一群狒狒是一个群体,当这群狒狒中的某些性状如互助性、侵略性或对环境的敏感性等,能够使得群体的因果进程变得更好些或更糟些,并最终影响群体中的繁殖命运,尽管每个成员的适合度都不尽相同。群体的共同繁殖命运是由群体的各种性状决定的。一群狒狒可以因为比其他狒狒群体更具侵略性而占据更多的资源,这使得这群狒狒比其他狒狒群体拥有更好的繁殖条件。因此,群体可以被理解为性状群体(trait group),即其中的每个成员都可以受到自己或群体中其他成员所拥有的某些性状的影响(Wilson and Sober 1994,

---

[30] 威尔逊和索伯更喜欢使用道金斯的"载体"而不是霍尔的"互动子"一词来指称通过环境互动而影响性状适合度的实体(Wilson and Sober 1994,591)。本书统一使用"互动子"一词。

591; Sober and Wilson 1998,94)。在威尔逊和索伯看来,性状群体是自然选择的单位。这是因为由利他主义成员所组成的性状群体会比由利己主义成员所组成的性状群体更具选择的优势,尽管在一个性状群体内部,利己主义个体会比利他主义个体更具选择优势。

索伯通过一个被称为辛普森悖论(Simpson's paradox)的例子来说明这点(Sober 2000,100-102)。辛普森悖论是一种部分的统计结果与整体的统计结果相违背的现象。英国科学哲学家卡特赖特(Nancy Cartwright)曾指出一个有名的辛普森悖论的例子。美国加利福尼亚大学伯克利分校曾被怀疑在招生中有歧视女性的嫌疑,因为全校的女生录取率明显低于男生。但在具体调查每个院系的时候,却发现各院系的男女录取比例并没有任何可证明歧视现象的证据。仔细分析各院系的招生统计数据,这个奇怪的现象可以用一个简略化了的表格来展示(见表5-1)。

表5-1 辛普森悖论:性别歧视例

各项数据	院系1	院系2	全校
申请者人数	90女;10男	10女;90男	100女;100男
录取比例	30%	60%	33%女;57%男
录取人数	27女;3男	6女;54男	33女;57男

表 5－1 展示了，从全校来看，女生录取率为 33%，而男生录取率为 57%，似乎表明了对女性申请者有所歧视。但两个院系都分别按照各自的百分比（30%和 60%）平等地录取男女学生。这就是辛普森悖论的局面。两个院系录取过程中有两点不同之处：第一，院系 1 的难度要高于院系 2，前者的录取率为 30%，后者的录取率为 60%；第二，大多数女生（90%）偏向申请难度高的院系 1，大多数男生（90%）偏向于申请难度低的院系 2。最终结果是女生被淘汰的总数量大于男生被淘汰的总数量。

这个例子说明对一个群体的平均统计结果有时会忽略群体的内在结构和因果关系。索伯把这种错误称为平均主义谬误（the averaging fallacy）。他指出，要理解性状群体能够称为选择单位，就需要破除平均主义谬误，因为利他主义性状也会出现辛普森悖论。我们假设两个群体，其中都存在着利他主义个体和利己主义个体。群体 1 中利他主义性状占主导，群体 2 中利己主义性状占主导。如果我们用 w 来代表个体的适合度，其赋值表示子代数量与亲代数量的比例。比如，如果 $w = 2$，就意味着子代的数量是亲代的 2 倍。同时，我们用 S 来代表利己主义个体，用 A 来代表利他主义个体，那么，两个群体经过一个选择过程的前后统计结果可用如表 5－2 来展示。

表 5－2　辛普森悖论:性状群体选择例

统计参数	群体 1	群体 2	两个群体总和
选择前的数量	99A　1S	1A　99S	100A　100S
适应度	$w=3$ $w=4$	$W=1$ $w=2$	$W=2.98$ $w=2.02$
性状选择前所占比例	99%A 1%S	1%A 99%S	50%A 50%S
选择后的数量	297A　4S	1A　198S	298A　202S
性状选择后所占比例	98.7%A 1.3%S	0.5%A 99.5%S	60%A 40%S

从表 5－2 看出,群体 1 为利他主义群体,因为其中的利他主义个体占大多数;群体 2 为利己主义群体,因为其中的利己主义个体占大多数。其中各自的适合度的赋值需要特别说明一下。利他主义群体作为整体的适合度要大于利己主义群体的适合度,但在各自群体的内部,利他主义个体的适合度要小于利己主义个体的适合度。因此,利己主义群体 2 中利他主义者的适合度最小,为 $w=1$, 其次为利己主义群体 2 中的利己主义者的适合度,为 $w=2$, 即子代的数量是亲代的两倍。利他主义群体 1 中的利他主义个体的子代的数量是亲代的三倍,即 $w=3$, 而群体 1 中的利己主义的适合度最高,为 $w=4$。

从表 5－2 可看出如下事实:在两个群体内部,选择后利他主义的个体所占的比例都有所减少。它们分别为：在群体1中从99%降为98.7%，在群体2中从1%降为0.5%。然而，令人惊奇的是，作为两个群体的总和，利他主义个体的比例从选择前的50%上升为60%。这正是辛普森悖论的局面。这个局面同样发生在利己主义个体身上。在选择后，群体中的利己主义个体所占的比例有所上升，在群体1中从1%上升到1.3%，在群体2中从99%上升到99.5%。然而，作为两个群体的综合，利己主义个体的比例从选择前的50%降为40%。辛普森悖论的出现意味着使用两个群体的统计平均值来说明选择过程难免会犯平均主义谬误，因为它会忽略种群的内部结构以及其中的因果过程。这个因果过程在利他主义和利己主义性状的例子中只能用群体而不能用个体统计平均值来说明，因此，性状群体在这个例子中是自然选择的单位。在两个群体中，利他主义个体都比利己主义个体的适合度要小，在一个利己主义的环境中，利他主义个体的生存状况更为艰苦。但是，利他主义群体的生活状况要优于利己主义群体的生活状况，并最终造成了利他主义个体总量的增加幅度大于利己主义个体总量的增加幅度。在这种情况下，群体选择之所以可能的理由在于，所有在利他主义群体的个体都具有更高的适合度，而且大多数利他主义个体都在这个群体中，与此相反，利己主义个体大多在适合度更小的利己主义群体中。这就是辛普森悖论产生的原因。

性状群体选择也是一种对利他主义行为演化的理论。我们曾看到,在威廉斯和道金斯对群体选择批评之后,亲族选择理论和互惠式利他主义理论被多数学者看成对利他主义行为的演化机制的最有说服力的理论。威尔逊和索伯则认为亲族选择理论和互惠式利他主义理论实际上都是性状群体选择的一个特例。我们先看亲族选择理论。如果一个亲族中的成员之间的互助关系与对待亲族以外的个体不同,那么,亲族所组成的群体就是一个性状群体。比如,如果一个狐狸会把食物与自己的孩子分享,那么,它就与自己的孩子形成了一个性状群体,即一个具有分享食物的性状的群体。如果所有的狐狸母亲都与孩子分享食物,那么,在一个地区的狐狸种群中,就会形成以母亲为中心的、并具有以分享食物为性状的家庭群体。当种群中形成这种亲族性的性状群体时,就会引起利他主义的演化。在亲族所组成的性状群体中,利己主义个体会得到利他主义个体的帮助而自己无需回报。一个拒绝帮助其他母亲照看她们孩子的母猩猩会为自己的孩子提供更好的生存条件,但是,愿意照顾他人孩子的母亲们平均起来会比那个自私的母亲拥有更多的后代。只要利他主义行为的好处大过为此付出的代价,利他主义个体的平均适合度就会大于利己主义个体的平均适合度。就像表 5 - 2 所展示的那样,当一轮选择之后,种群中利他主义者数量的增加幅度大于利己主义者数量的增长幅度。亲族选择中亲属之间的基因相似性之所以重要，正是因为它在某一性状（利他主义）与由该性状所产生的个体之间的互动中引起某种关联，这种关联最终导致了辛普森悖论的局面。由于亲属之间比同物种的个体之间更为相似，拥有某一性状（如利他主义）的个体在亲属间更容易找到拥有相同性状的其他个体。因此，在亲属中如果形成性状群体，就可能产生出重要的演化结果。但如果在亲属中无法形成性状群体，也就是说，亲族中个体的任何性状对亲属的适合度没有任何影响，那么，也就不会有亲族选择（Sober and Wilson 1998，135 – 142）。

至于互惠式利他主义，学者们一般都把它理解为个体为了自身的利益而与没有亲属关系的他人合作的策略，这个策略保证个体通过合作所获得的利益大于个人仅依赖自身行动所获得的利益。而在威尔逊和索伯看来，合作之所以能够成为演化的一个结果，正是因为自然选择青睐那些倾向于相互合作的群体。威尔逊和索伯举了个例子。假如生活在一个池塘中的一个蟋蟀种群以水中的百合属植物为食。这些蟋蟀的生存依赖于从一株百合属植物移动到另一株百合属植物的能力。移动的主要方式是跳到落在水面上的残枝败叶上，然后用腿划水使枝叶漂移，直到找到新的百合属植物并跳到上面。最有效地使枝叶漂移的方法是一对蟋蟀在一片枝叶上同时划水。威尔逊和索伯让我们想象自然选择让这群蟋蟀演化出与其他蟋蟀协同合作、一起划水的能力。具有这种能力的一对蟋蟀会比不具有这种能力的蟋蟀具有更高的适合度。这种适合度的增加是以一对蟋蟀为单位的。当一对蟋蟀跳到同一片枝叶上，它们两个就共有了同样的命运，因此，就有了群体与环境互动的过程。这虽然是仅由两个个体所组成的互动子群体，而且，一旦这两个个体在到达了新的百合属植物之后便结束合作、各奔东西，这个互动子群体仍然体现出性状群体选择的基本特性。如果在之后的演化过程中出现变异，产生出一种自私的蟋蟀，它们会在接近新的百合属植物时自己先跳上去，不顾合作的同伴是否登岸，使得同伴不得不继续漂流。这样的利己主义者会在具有合作性状的群体中通过减少他人的适合度去增加自己的适合度，尽管当两个利己主义者同时出现在同一片枝叶上时，对两者的适应度都肯定会比与利他主义者合作时更少。我们在第三章中曾提到，在互惠式利他主义的理论中，对待这种破坏合作的利己主义者的有效策略是“一报还一报”的策略。而在性状群体选择理论中，演化本身会产生出新的策略来抑制利己主义行为对种群的破坏。在利他主义性状的群体中，利己主义性状的变异会使得利己主义个体在种群中不断扩大，因为利己主义个体的适合度大于利他主义个体。但当种群中利己主义个体存在普遍时，欺诈和背叛的大量发生使得个体的生活变得更加艰难。这个时候，能够阻止背叛行为的性状会提高行为主体的适合度。如果有某些变异能够产生这种性状，不难想象，这种性状会在种群中蔓延开来。比如，如果某种变异使得一些蟋蟀产生如下性状，即在与其他蟋蟀跳上同一片枝叶时，用不去划水的腿勾住同伴的身体，那么，这个性状就可以防止同伴中途背叛自己。不难想象，这个性状一旦产生就会因为提高性状持有者的适合度而成为稳定的演化策略(Wilson and Sober 1994，596)。

因此，无论是亲族选择理论还是互惠式利他主义都可以看成是性状群体选择的特例，而并不是性状群体选择的竞争对手。威尔逊和索伯也指出，群体选择并不是性状演化唯一的机制。性状群体选择是发生在繁殖群之间的选择。在一个繁殖群内，也同时存在着群体内部的个体之间的选择。群体内部的个体之间的选择会有利于利己主义个体，但利己主义性状无法在整个种群中将利他主义性状完全剔除。因为，当利己主义性状在种群中占多数时，少部分利他主义个体所组成的群体会比利己主义个体占主导的群体拥有更高的适应度，这使得利他主义性状在种群中更受自然选择的青睐。

威尔逊和索伯的性状群体选择使得学者们开始真正重视互动子和群体选择的问题。对性状群体选择的后续讨论与反思也使得对互动子和群体选择问题的讨论更加深入。在对性状群体选择理论诸多批评之中，有两个批评最为尖锐：第一，性状群体只不过是个体选择的选择环境；第二，性状群体选择与个体选择在数学上是等价的，因而，可以还原为后者。第一个批评来自英国苏塞克斯大学的演化生物学和遗传学家梅纳德·史密斯。他怀疑性状群体选择理论所展示的选择过程，即不同的性状群体引发不同的繁殖率的过程，是否真的作用于群体层次上。他指出，性状群体只不过是能够决定个体命运的选择环境中的一个组成部分，真正的选择仍然作用于个体层次上。性状群体的作用是作为环境的一部分影响了个体的适合度(Maynard Smith 1998)。社会性昆虫比如蚂蚁看起来可以用性状群体理论来说明。一窝蚂蚁可以看成是一个具有分工合作性状的群体，其中的成员共有相同的繁殖命运。但个体选择的理论也可以说明这窝蚂蚁。这窝蚂蚁中的一个工蚁有如下性状，即其主要行为是筑巢、寻找食物和照顾幼虫和蚁后。如果这个工蚁只是自己做出这种利他主义行为，它的适合度会比群体中其他个体的适合度低。只有在群体中一些其他个体也做出同样的行为时，这只工蚁才会得到更高的适合度。实际上，与它的基因结构相似的其他工蚁的确倾向于做出类似的行为。因为，我们可以不把工蚁的这种性状看成是自然选择作用于群体的结果，而看成是作用于个体的结果，即具有如此性状的个体比不具有如此性状的个体拥有更高的适合度。这个适合度的平均值依赖于演化的环境，而演化环境中的一个关键因素就是蚂蚁的种群结构。如此行为的工蚁群体之所以具有比如此行为的个体拥有更高的适合度，正是因为蚂蚁种群中出现了分工集群(colony)，而这些集群由基因结构相似的亲属们组成。也就是说，这些集群是选择环境中的一个关键性特征。按照这种观点，一个性状群体只不过是选择环境中的一个组成部分，对确定个体适合度有所帮助，而整个选择则仍旧在个体层次上进行。

对性状群体选择理论的另一个重要的批评来自美国学者基尔(Benjamin Kerr)和高德菲·史密斯(Godfrey-Smith)，他们指出群体选择的数学模型依赖于两组参数，一组来自个体的适合度值，可被称为"环境参数"(contextual parameterization)；另一组来自个体和群体的适合度值，可被称为"多层次参数"(multilevel parameterization)。这两组参数在数学上是等值的，其中任何一个参数值都可以从另一组参数中推出(Kerr and Godfrey-Smith 2002)。基尔和高德菲·史密斯的研究与梅纳德·史密斯的研究一起引发新的疑问：性状群体真的是互动子吗？面对这两个对性状群体选择理论的批评，一些学者选择了多元主义态度，即认为性状群体选择理论可以与个体选择理论说明同样的演化过程，而且无法判断哪一种说明更好(Dugatkin and Reeve 1994; Sterelny and Griffiths 1999, 166－172)。多元主义的态度也有着自身的困扰。怀疑者很自然地会问：如果性状群体选择和个体选择在数学表达上是等值的，但演化的因果过程却只能有一个，那么，多元主义者是否有可能确定谁是自然选择过程的最终受益者？

面对这两个直接威胁着群体选择的批评，英国布里斯托大学的科学哲学和生物哲学家奥卡沙提出了一个十分有力的反驳论据。他认为即使梅纳德·史密斯、基尔和高德菲·史密斯的观察是正确的，性状群体选择仍然可以把群体间选择看成是真正的群体选择。奥卡沙运用了美国生物学家达姆特(Johu Damuth)和海斯勒(I. Lorraine Heisler)做出的一个重要区分，即多层级选择因所关注的对象不同，可有两种模型(Damuth and Heisler 1988)。如果我们关注的是被分成群体的一个种群中所有个体的平均频率，那么，一个群体的适合度就可以被定义为其中个体成员的适合度的平均值。在这个模型中，个体是关注对象，而群体是选择环境的一部分。奥卡沙把这种模型称为多级选择 1(multi-level selection 1, MLS1)。在 MLS1 中，适合度最高的群体是其中每个个体的平均繁殖率最高的群体。然而，我们也可以关注这个种群中所形成的群体本身，探究各类群体的和其中各类个体的频率变化。这种模型被称为多级选择 2(MLS2)。在 MLS2 中，一个群体的适合度是以它能够产生的后代群体的预期数量，而不以该群体中个体的平均适合度来定义的。也就是说，适合度最高的群体是能够在后代中产生更多群体的群体。在很多时候，MLS1 中适合度最高的群体就是 MLS2 中适合度最高的群体，但有时并不如此。实际上，两者不仅逻辑结构不同，而且说明的对象也不同。MLS1 说明的是种群中不同种类的个体的频率变化，而 MLS2 说明的是种群中不同种类的群体的频率变化。一些群体选择理论讨论的是 MLS1，比如，这种理论可以讨论一个群体中利他主义的个体性状的演化过程，并用群体中个体的平均适合度来理解群体适合度。但也有讨论MLS2的群体理论，比如，物种选择理论就是要说明不同种类的物种的变化频率，而不是一个物种中不同种类的个体的变化频率。在物种选择中，物种的适合度是由后代物种的数量来定义的。奥卡沙指出，尽管建立在MLS1之上的群体理论可以用基尔和高德菲·史密斯提出的环境参数与多层次参数之间的数学等价性还原为个体选择理论，但建立在MLS2之上的群体理论却无法进行这种还原，因为在MLS2中，群体的适合度被定义为后代群体的预期数量，而不能以个体的平均适合度来表达，这使得环境参数与多层次参数无法相互转换(Okasha 2006，58－59；2008，148)。在下一章中我们会详细地讨论奥卡沙的理论。正是因为这个原因，使得一些学者认为物种选择才是真正的群体选择，这也是我们在下一节要讨论的内容。总之，奥卡沙的论据表明，只要把性状群体理论理解为一种MLS2，就可以避免梅纳德·史密斯、基尔和高德菲·史密斯的批评。

第二节　物种选择

在这一节中，我们讨论另一个群体选择的例子，即物种选择。在生物学中，“物种选择”本来是个技术性词汇，意味着成种(speciation)和灭绝(extinction)。就像迈尔所描述的：

> 进化的历史上充满了物种的灭绝和新物种的产生。这种转换经常显然是由于新的物种要比原有的物种具有更多的优越性。而且当不同生物区系的物种发生竞争时，比如上新世随着巴拿马地形形成之后，北美生物区的物种与南美生物区的物种之间发生竞争，造成大量的灭绝，部分原因是侵入者与原有物种之间的竞争。这种现象叫做物种选择……达尔文就非常关注欧洲物种引入到新西兰之后导致新西兰的动植物物种经常发生灭绝。(Mayr 2001,132)

然而，这种物种选择并不意味着选择单位可以是物种，因为其中的物种竞争过程完全可以是个体选择的结果。迈尔本人就是这样认为的，并提出最好把这种意义上所理解的"物种选择"一词换为"物种替换"，以避免混淆。

要想使物种选择成为物种层次上的自然选择，就必须论证作为互动子的物种不仅是自然选择的受益者，也应该是具有适应性的受益者，即适应展示子。物种作为互动子是没有争议的。因为就像列万廷所指出的："它是特定环境之中演化过程的幸存者，如果环境发生突然的变化，有的物种会灭绝而有的物种会幸存下来。"(Lewontin 1970,15)也就是说，幸存下来的物种是该物种与环境相互作用之后的结果，也是自然选择的受益者。但是，物种的这个特征并不足以阐明物种是一个选择层次或选择单位，因为就像迈尔所指出的，一个物种之所以在选择中幸存，不过是因为该物种中个体的某些性状使得这些个体在环境变化中得以幸存下来。因此，作为互动子的物种是自然选择的受益者这个事实完全可以被个体选择来说明。一个物种只有存在着某些不能还原为个体性状的特征，而正是这些特征使得物种在环境巨变中得以幸存，才能证明物种可以成为独立的选择层次或选择单位。我们在第三章第二节中曾看到，劳埃德给出了作为选择结果的适应展示子和作为设计式的适应展示子的区别。所谓设计式的适应展示子，是指一个互动子作为自然选择的受益者，不仅是选择的直接结果，也具有使宿主更好地适应周围环境的性状。这个性状好像为宿主提供一个好的设计，并由此来增加互动子的适应性。因此，物种要成为选择单位或选择层次，就不能是个简单的互动子，还必须是设计式的适应展示子，它可以使物种具有这种设计式的适应性，而且该适应性无法被个体性状所说明。

在这一节中，我们讨论两个论证作为互动子的物种也是设计式的适应展示子的尝试。第一个是古尔德的间断平衡理论，第二个是建立在突现性状之上的物种选择理论。这两个尝试之间并非没有联系。实际上，建立在间断平衡之上的物种选择需要预设突现性状的概念，尽管间断平衡理论的支持者们对突现性状的理解存在分歧。然而，我们仍然可以说间断平衡理论和突现性状是从不同的角度来刻画物种选择的两种尝试。我们先看间断平衡理论。古尔德及其合作者,美国演化生物学家和古生物学家艾德瑞奇(Niles Eldredge)提出间断平衡理论是为了论证宏观演化(macroevolution)的观点(Eldredge and Gould 1972)。根据这种观点,化石记录中所展示出的长期演化的形态,并不等同于局部种群在它们的环境中的适应性的叠加。演化可以在物种或大于物种的如属、科等层次上进行,而其演化过程与规律无法被个体层次上的自然选择或微观演化(microevolution)来说明。这就意味着群体选择的立场,即某些种类的群体表征了实在的和独特的本体论实体,而且,这个实体在演化中所表现的性质并不是个体在演化中所表现的性质的延续。间断平衡理论认为演化不仅在环境变化缓慢的地方存在着种系渐变(phyletic evolution),而且,在远离主要种群所在的核心地区,由于偶然的地理分隔使得处于边缘的数量较小的种群与主要种群之间不存在遗传交换而形成异地分化,从而形成迅速变异的成种过程。这是因为在被隔离的小规模的种群中,由于生存压力大而且环境复杂,随机漂变会比在大规模种群中更容易在短时间内使整个种群的基因结构发生重大改变。这种改变在遇到合适的环境后,因环境的隔离作用使得变异得以积累和发展,并最终形成新的物种。

物种选择和间断平衡理论的关系,就像美国古生物学家和演化生物学家斯坦雷(Steven M. Stanley)指出的,物种选择依赖于间断平衡理论,因为前者是后者的逻辑结果(Stanley 1979,3)。物种选择同时又是宏观演化最重要的一个例子。它的基本思想是,自然选择可以作用在整个物种之上,导致适合度高的物种得以生存、适合度低的物种最终灭绝。这与个体选择有类似的地方。比如,物种的灭绝类似于个体的死亡,成种类似于个体的繁殖。另外,物种的适合度是由物种的性状造成的,这也与个体的适合度由个体的性状造成的类似。物种有着千差万别的性状。比如不同的物种可以有不同的地理分布范围,生态环境对不同物种也可施加不同的影响。另外,不同的物种也有着不同的遗传多样性和不同的个体数量。这些性状都造成了不同物种适合度上的差异。物种选择与个体选择关键的不同之处在于对适合度的理解不同。我们在上面提到,个体选择的适合度由个体的平均繁殖率来定义,而物种选择理论建立在 MLS2 之上,以物种的预期后代数量来定义。正像奥卡沙所指出的,以群体为关注对象的 MLS2 决定了其适合度无法还原为群体中个体的平均适合度。这就意味着,一个物种在与环境互动过程中所具有的性状可以增加该物种的适合度,而该适合度并不能还原为物种中个体的平均适合度。以这种方式来理解的物种选择中的物种不仅是互动子,也是适应展示子,因此,我们就可以说自然选择在物种层次上进行或以物种为单位。实际上,在古尔德看来,间断平衡理论所支持的物种选择就是一种以物种为互动子的群体选择，与威尔逊和索伯的性状群体选择理论相互支持。他在之后的研究中讨论了这种相互支持的关系，并说："我坚决主张，把高层选择定义为相关演化个体的差别繁殖，这要基于其性质与周围环境的因果作用，而不是基于特定的低层个体的适合度来表现高层成员的结果。"(Gould 2002，656)

我们再来看第二个物种选择的尝试。美国耶鲁大学的古生物学家韦尔芭(Elisabeth S. Vrba)认为真正的物种选择并不多见(Vrba 1984，1989)。物种灭绝的现象可用个体选择来说明。例如，20 世纪 20 年代曾广泛分布在中国南方的野生犀牛彻底消失。我们可以说这是由于一系列因果因素使得个体犀牛无法生存的结果。比如，气候逐渐变冷使得喜欢温暖的犀牛的栖居地和犀牛数量都不断减少。同时，中国传统医学认定犀牛角具有药用价值，这又造成了对犀牛的大量捕杀。在 20 世纪第一个 10 年中，官府和民间还向朝廷进贡 300 支犀牛角，而民国成立后的 10 年间共捕杀约 10 头左右，此后，野生犀牛在中国大地不再出现。中国犀牛作为群体的消失并不是群体的某些性质造成的，而不过是一系列因果因素长时间地连续不断地作用在这个群体中的个体之后所引发的副作用。因此，韦尔芭认为仅以差别成种和差别灭绝来刻画的物种选择并不是真正的物种选择，而是对物种的效应区分(species sorting)，因为在物种层面并没有作用于其上的因果因素来影响物种的适合度。选择过程中显示出来的任何趋势都不是物种选择的结果，而是个体选择的一种副作用。也就是说，物种效应区分只不过是迈尔所说的物种替换，物种不能成为选择单位，因为它只是个体选择的副作用，而并不是劳埃德所说的作为设计式的适应展示子。韦尔芭把建立在物种的效应区分之上的模型叫做“效果假说”(the effective hypothesis)，它是一个物种的非随机的分布模型。它预设了从基因或个体层面上的某些特征或过程会自下往上地和因果地决定一个单一祖先的群体的成种和灭绝的频率。在效果假说中，并不需要个体以上的选择单位和个体以上的适合度来说明成种和灭绝。

在韦尔芭看来，真正的物种选择除了差别成种和差别灭绝之外还需要更多的要求，这就是在物种层面上的突现性状(emergent trait)，它可以因果地影响该物种的适合度。用我们在第三章所看到的劳埃德的概念来理解，突现性状是在物种层次上的设计式的适应展示子。就是说，这种性状能够在物种的层次上因果地引起物种的适应性的变化。与突现性状相对的是叠加性状(aggregate trait)。所谓叠加性状是指可由物种内个体的表现型性状平均叠加而来，比如物种的平均奔跑速度或平均身高等。这种性状是统计处理之后的人造性状，并不是物种层面的真正的性状。效果假说就是建立在叠加性状之上的。用劳埃德的概念来理解，叠加性状的变化即使对物种的适应性的变化具有统计性的关联，但这种关联不过是作为选择结果的适应展示，其中并不存在真正的因果机制。用亲族选择理论来说明利他主义行为的尝试也是利用叠加性状进行的。与叠加性状相反的突现性状并不总能由物种内个体的性质平均叠加而来，却因为能够影响物种适合度而成为物种层面上的性状。物种层面上的突现性状包括具有某种性状的种群大小、种群之间的空间和遗传间隔、物种边缘的性质等。韦尔芭认为，只有因突现性状而产生的差别成种和差别灭绝才是真正的物种选择。真正的物种选择是发生于有着一个单一祖先的群体中的如下现象：可遗传的突现性状所引起的变化与环境之间的互动引发了差别成种和差别灭绝（Vrba 1984，323 - 324）。这种理解物种选择的方式需要满足以下三个条件：

(1) 突现性状条件：在一个有着单一祖先的群体中的不同物种拥有不同的可遗传的突变性状。

(2) 互动条件：不同的物种在与环境的互动中因突变性状的变化造成物种的适合度的变化。

(3) 可验证条件：差别成种和差别灭绝率是可预测的，因为突现性状的变化与物种分布的相互关联是可预测的。因此，物种选择在原则上是可验证的。

突现性状条件自身无法形成物种选择，它必须与互动条件结合在一起才能将物种当作选择单位。这是因为突现性状条件和互动条件一起意味着物种选择可以把物种当作互动子，而且这个互动子又是设计式的适应的展示子，即物种可以成为选择的受益者。可验证条件中的差别成种和差别灭绝率都是以物种的适合度，即物种的预期后代量来计算的。由于这个适合度无法还原为个体的平均适合度，可验证的物种选择的模型一定是建立在 MLS2 之上的。

韦尔芭以突现性状来刻画物种选择的优点在于它能够给出一个相当清晰的标准来界定什么是合格的物种选择。但它也是个具有争议性的理论。首先，如果突现性状不是个体性状的叠加，那么，它与个体性状的关系将会是怎样的。一般来说，高层次的性状依附于（supervene on）低层次的性状和行为。如果这种依附关系不是一种叠加的结果，那么，韦尔芭需要对这种依附关系的因果机制给出说明。这是韦尔芭的理论所缺乏的（Sterelny 1996; Gould and Lloyd 1999）。

韦尔芭的物种选择理论的另一个问题是突现性状条件的要求过于严格，有些我们直觉上认为应该是物种选择的情况无法被当作物种选择。一些物种选择的支持者如劳埃德、古尔德和艾德瑞奇等指出，物种选择只要满足一定的条件也可以建立在叠加性状之上。一些叠加性状实际上是关于群体的性质。某一性状的平均值，例如，一群鹿的平均奔跑速度，是关于这群鹿的性质。它是由种群中每个鹿的速度在叠加后的平均值，但却不是种群中任何一只个体鹿的性质。同样，种群的多样性也是由个体基因型和表现型性状的叠加得来，它也是种群而不是种群中个体的性质。多样性程度高的种群或物种比多样性低的种群或物种在环境发生剧烈变化时更容易幸存下来，因此是造成种群差别生存和差别繁殖、物种差别成种和差别灭绝的一个重要因素。因此，这些描述群体而非个体的叠加性状应该是构成群体选择和物种选择的重要成分，但建立在突现性状之上的物种选择理论把这种成分排除在外。排除的理由是因为建立在叠加性状之上的模型是韦尔芭所说的效果假说，将不免被还原为个体选择或更低层次的选择。这里就存在下述问题：一方面，物种选择的标准如果过于严格，将像建立在突现性状之上的标准那样，把许多我们在直觉上很自然地认同的物种选择过程排除在外；另一方面，如果这个标准过宽，将使得一些从本质上来说是低层次的选择被误认为是物种选择。在这里，就需要找到一个合适的刻画物种选择的标准，以避免上述两类陷阱。

随着讨论的深入，一个被更多学者接受的标准是用“突现适合度”而不用“突现性状”的概念来界定物种选择。那么，什么是突现适合度呢？我们先来看劳埃德对选择单位的定义：“一个选择单位是任何这样的实体类型，对这种实体类型来说，系统内所有该层次实体之间存在着适合度 F* 的某具体成分变异的一个叠加性成分，它并不作为 F* 变异的叠加成分出现在较低层次上的所有实体之间。”(Lloyd 1988，70)在这个选择单位的定义中，适合度 F^* 就是突现适合度，它在高层次上可以是叠加性的，但这个叠加性无法被还原为较低层次上的叠加性。比如，种群的多样性所带来的适合度就是这种突现适合度，它的叠加性只在种群层次上，并无法还原为个体层次上适合度的叠加。就像美国生物哲学家格兰萨姆（Todd A. Grantham）所指出的，高层次上的叠加性状的选择方向可以与底层次上的选择方向相反（Grantham 1995）。当突现适合度出现在物种层次上时，就可以发生物种选择。由于突现适合度是以高低层次之间的关系来刻画的，它实际上对所有选择层次都可适用，可以说它为选择层次和单位问题的具有统和力的理论提供了基础。

与突现性状不同，突现适合度无需说明不同层次上的性状的结构和它们之间的因果关系，它只要求性状包括那些叠加性状能够在所在的层次与环境的互动中引发差别繁殖。在物种层面上，突现适合度只要求物种因某些性状包括叠加性状而产生适合度的变化，而且这个变化无法还原为个体适合度的变化。就像劳埃德和古尔德指出的：

> 因此，互动子和选择过程自身都被模型中的它们的性状对适合度的贡献来刻画。性状本身可以是突现的群体性质，也可以是个体性状的简单叠加。这种对选择实体的定义要比用突现性状的方式更具包容性，因为性状

> 既可以是叠加的也可以是突现的(或两者兼是)……为了确定选择过程发生在某一层次,突现适应度的研究方式只需找到某个性状与适合度存在着特定的关系即可。(Lloyd and Gould 1993,595)

以突现适合度的方式刻画物种选择除了比以突现性状刻画物种选择更具包容性外,还不会因为没有后者那样严格而造成过于宽泛的后果。为说明这一点,格兰萨姆将物种选择中的适合度分成三个种类:

A = 物种层次的突现性状影响物种层次的适合度;
B = 叠加性状影响物种层次不可还原为低层次的适合度;
C = 叠加性状影响物种层次可还原为低层次的适合度。

韦尔芭的突现性状理论只允许 A 为物种选择,把 B 和 C 对物种层面上的讨论都看成是效应区分或效果假说。而以突现适合度来刻画物种选择的方式认为 B 也是一种物种选择,这是它更具包容性的地方。同时,它也将使用 C 来讨论物种层次上的问题看成为效应区分和效果假说,从而避免了过于宽泛的后果(Grantham 1995)。劳埃德还用另一种方式更为清晰地区分了以突现性状和以突现适合度来刻画物种选择这两种方式的本体论。在劳埃德看来,以突现性状来刻画物种选择的方式在把物种当作互动子的同时,又坚持物种必须具有物种层次上的适应性，否则将不会有真正的物种选择；而以突现适合度来刻画物种选择的方式则只要求把物种当作互动子，并坚持这一要求已经足以保证物种选择不会还原为低层次的选择过程(Lloyd 2007，59)。实际上，以突变适应度的方式来刻画物种选择的方式已经被绝大多数物种选择的支持者，包括韦尔芭本人接受，同时，大家也都认为符合韦尔芭理论的物种选择可被当作物种选择中的“最优秀的例子”(Gould 2002，657)。

对物种选择的研究展示了作为互动子的群体可以成为自然选择的单位和层次。然而，多数生物学家并不认为物种选择是自然选择的主要部分，也不认为物种是重要的自然选择单位和层次。比如，美国生态学家和生物学家达姆特就曾指出，很多物种都被环境分隔为不同的相对隔绝的种群，并在各自的独特环境中面对不同种类的生存压力。因此，自然选择并不以整个物种为选择单位，而是对特定环境中的种群施加压力(Damuth 1985)。也就是说，具体生态环境中的种群，才是真正的能够成为选择单位的互动子群体。这仍然是一种群体选择。

第六章

多层次选择和选择层次的跃迁

对多元主义和互动子的研究不仅使得群体选择的观点以新的面目重新回到选择单位和层次的讨论中，而且还引发了对多层次选择(multilevel selection)的更为细致的研究。这些研究可以说是目前自然选择单位和层次问题所关心的重点。生物界是个多层级的组织(a hierarchical organization)，其中低层级嵌在高层级之中，形成由不同层次共同组成的结构。我们最熟悉的层级是多细胞的生物个体，它占据了该结构的中间位置。往低排列会遇到器官和组织层级、细胞层级、细胞器和细胞核层级、染色体层级和基因层级。从生物个体层级往高排列会遇到亲属群、群落、繁殖群、物种和生态系统等层级。所谓“多层次选择”是指自然选择可以同时作用于某些甚至所有的层级之上。同时，由于不同层级上的选择方向可以不同甚至相反，种群的总选择方向将是群体内选择力和群体间选择力的合力效应。围绕着多层次选择主要有两个问题：一是多层级结构和各层次之间的本体论问题；二是从低层次单位如何产生高层次单位的历史性或历时性问题。我们在第一节中讨论第一个问题，在第二节中讨论第二个问题。

第一节　多层次选择的本体论

我们在第五章第一节中曾提到英国布里斯托大学科学哲学和生物学哲学家奥卡沙提出的两种多层次选择的理论MLS1和MLS2，前者关注群体选择中的平均个体适合度，后者关注群体选择中的群体的预期后代数量。奥卡沙是研究选择单位和层次问题的后起之秀。他的《演化与选择层次》(*Evolution and the Levels of Selection*)一书从一个新的理论视角对选择单位和层次问题做出了全面而深刻的分析，并对多层次选择理论给予辩护(Okasha, 2006)。该书因其杰出的理论贡献曾获得拉卡托斯奖。

在单一层次上，自然选择要求某种可遗传的性状能够引起不同的适合度。在多层次的选择中，各个层次都要显示出上述特征。比如，如果群体选择和个体选择同时发生，那么，无论在群体层次还是个体层次上，都需要展示出某种可遗传的性状所带来的不同的适合度。这个要求自然会在不同的层次上引起一系列的性状、遗传与适合度之间关系的本体论问题。比如，群体层次上的性状是否依赖于群体中个体成员的性状？群体的适合度是否是群体中个体成员的适合度的叠加？我们在前两章中曾看到，这些问题一直缠绕在基因选择、

奥卡沙(Samir Okasha)

个体选择、群体选择与物种选择之间的争论中，而且在具体的争论中又以各自的概念和技术处理表达出来。由于这些概念和技术处理常常并不具备足够的一般性，其讨论难以延展到其他层次的讨论中。奥卡沙的成就在于他寻找到有效的理论资源对这些问题做出统和的分析与说明。MLS1 和 MLS2 的区分就是其中重要的资源之一。

另一个重要的资源是普赖斯方程(Price equation)。它由美国遗传学家普赖斯(George Price)提出，试图对种群各代之间的演化过程给予代数描述(Price 1972)。我们先看一下这个方程大致是个什么样子。假如在一个种群中，我们对其演化至为关心的可测量的性状 z，用 z^{-} 表示在整个种群中该性状的平均值。如果该种群中第 i 个实体具有此性状 z_i，而且其子代具有该性状 z'_i，那么，亲子代之间的性状差别为 $\Delta z_i = z_i - z'_i$。同时，如果我们用 w 来代表适合度，该适合度以后代数量的总和来表示，种群中亲子代之间的平均性状差别可表达为其中个体适应度与该性状之间的协变 $\Delta z^{-} = \mathrm{Cov}(w_i, z_i)$。这样，普赖斯方程就可以用来表征性状在亲子代之间的传递和变化的性质：

$$(\text{P1})\quad w^{-}\ \Delta z^{-} = \mathrm{Cov}(w_i,\ z_i) + E(w_i \times \Delta z_i),$$

其中，w^{-} 是平均适合度，$\mathrm{Cov}(w_i,\ z_i)$是个体的适合度和性状的统计关联或协变，$E(w_i \times \Delta z_i)$ 是所期待的亲子代遗传过程中的性状差别与适合度乘积的平均值(Okasha 2006,21)。如果协变 Cov(w_i, z_i)为正,就说明性状的增加使得适合度大于平均值;如果协变 Cov(w_i, z_i)为负,则说明性状的增加使得适合度小于平均值;如果为 0,则说明性状与适合度没有关联。$E(w_i \times \Delta z_i)$ 测量了各代之间的性状遗传的保真度。如果遗传是完美的,这个值为 0;而如果性状在遗传中因某种原因引发了偏离,该值就不会为 0。普赖斯方程试图用性状和适合度的协变,以及各代之间性状遗传过程中的保真度来刻画达尔文演化过程,它也意味着自然选择所引起的演化变化是由这个协变的大小来决定的。从直观上来说,一个性状如奔跑速度能够让种群中的个体产生更多的后代,即该性状与适合度发生协变,那么,我们就可以预期种群中奔跑速度会随着演化的变化而有所增加。同时,如果奔跑速度在遗传过程中保真度不高的话,即使具有好的奔跑能力的个体能够产生更多的后代,也无法引起平均奔跑速度在种群中增加。

普赖斯方程所表现出的特性与我们在导论中看到的列万廷对演化的定义具有相同的逻辑,但普赖斯方程却比后者拥有更加技术化也更加精确的表达资源(Okasha 2006,34-39)。奥卡沙认为这个方程要比围绕着选择单位和层次所产生的一系列理论概念,如复制子、互动子、适应展示子、突现性状、突现适应度等,都更具一般性,因此,它不仅可以用来刻画这些概念,而且也为比较这些概念以及分析围绕着这些概念所进行的讨论提供了一个技术资源。

对选择单位和层次问题来说，普赖斯方程为多层次选择提供了有效的描述工具。我们曾经提到过，在多层级的生物界中，低层级嵌入在高层级的结构中，并成为后者的组成部分。比如，染色体是细胞的组成部分，细胞是多细胞器官的组成部分，生物个体是亲族群体的组成部分。普赖斯方程可以用来描述低层级的组成部分与高层级的整体结构之间的关系。这个功能对于理解当代多层次选择理论的产生与争论至关重要。低层级的组成部分与高层级的关系可以用不同的方式来理解。比如，一种方式是把高层级的结构看成为低层级组成部分之间的互动结果。而另一种方式把高层级的结构看成是具有共同祖先的低层次的组成部分的一种谱系结构。一些学者把威尔逊和索伯的性状群体看成是个体选择的选择环境的看法就是第一种理解方式的一个例子。而物种选择理论的支持者们对物种与个体之间的关系则是第二种理解方式的一个例子。不难看出，分析多层级的生物界中多层次选择过程是个十分复杂的工作。奥卡沙为了能够运用普赖斯方程来分析其中的复杂过程，引入了我们曾经看到的 MLS1 和 MLS2 的区分。

MLS1 的基本思想是把高层级的结构即群体看成是由低层级的组成部分即个体的叠加后的结果。如果我们用 w_{jk} 来表示在群体 k 中的第 j 个个体的适合度，用 z_{jk} 来表示该个体的性状，用 i 来表示整个种群中的个体的序列号；同时，用大写的 W_k 来表示群体 k 的适合度，该适合度由群体中个体的平均适合度来计算，再用大写的 Z_k 来表示群体 k 中的性状 z 的平均值，那么，就可以用如下的普赖斯方程来表达 MLS1：

$$(\text{P2})\quad w^{-}\Delta z^{-} = \text{Cov}(w_i, z_i)$$
$$= \text{Cov}(W_k, Z_k) + E_k(\text{Cov}_k(w_{jk}, z_{jk})),$$

即群体中所有个体作为整体的性状与适合度的协变等同于群体自身的性状和适合度的协变，加上群体内部个体的性状与其适合度的协变的平均值(Okasha 2006, 64 - 65)。不难看出，在(P2)中，群体的性状是群体中个体性状的叠加。这就意味着个体是这种群体选择模型的焦点。与此相反，MLS2 的焦点则在群体本身，因为群体的性状不是个体性状的叠加。我们可以用 Z_k 表示群体 k 的性状值，用 Y_k 表示群体 k 的绝对适合度，而该适合度并不是群体 k 中个体适合度的平均值，则普赖斯方程对 MLS2 的表达可以是：

$$(\text{P3})\quad Y^{-}\Delta Z^{-} = \text{Cov}(Y_k, Z_k) + E(Y_k\Delta Z_k)。$$

也就是说，普赖斯原始方程(P1)所表达的亲子代之间的性状变化关系都在群体 k 的群体层面上表达(Okasha 2006, 74)。用普赖斯方程(P2)和(P3)所表达的 MLS1 和 MLS2 都是多层次选择的模型，但两者的逻辑结构不同。前者是依赖于叠加性状的群体选择的模型，后者是依赖于突现性状的群体选择的模型。

普赖斯方程的运用引发了另一个问题。达尔文的自然选择理论是为了说明生物演化的因果机制，因此，普赖斯方程不能仅是个统计模型，它必须能够表征因果过程。为此，奥卡沙区分了在某一层次上的“直接选择”(direct selection)和“跨层次的副产品”(cross-level byproduct)两种情况。在某一层次上的直接选择是指在该层次上由于性状与适合度存在着因果关联而产生两者之间的协变，即如果相关的性状值增加则相应的适合度随之增加。跨层次的副产品是指某一层次上的性状与适合度的协变不是因该层次上的因果关联而产生的，而是其他层次上直接选择的副产品。我们以(P2)表达的 MLS1 为例。当群体中个体的适合度由高层级的群体适合度和低层级的个体适合度共同确定时，(P2)表达的 MLS1 是个直接的群体选择。但当群体中个体的适合度只由低层级的个体适合度来确定时，(P2)表达的 MLS1 就成为表面上看似在群体层面上选择，而实际上却不过是个体选择的副产品。比如，在一个种群中随意划分两个次种群 a_1 和 a_2。其中，如果 a_1 中奔跑速度快的个体的比例大于 a_2 中奔跑速度快的个体的比例，而奔跑速度快的个体的适合度要比奔跑速度慢的个体的适合度高，那么，a_1 的群体适合度与奔跑速度这个性状的协变值就要大于 a_2 的群体适合度与奔跑速度的协变值。根据(P2)，这就意味着 a_1 要比 a_2 更受自然选择青睐。然而，这种情况并不意味着自然选择在群体层次上展开。因为，a_1 的群体适合度与奔跑速度的协变高于 a_2 的群体适合度与奔跑速度的协变只不过是因为在整个种群中，个体的适合度与奔跑速度本身就是协变的。也就是说，a_1 与 a_2 之间的选择结果其实只由总种群中个体的表现型来决定，实际上并不存在群体层面上的因果关联，因而选择结果完全无须考虑群体结构的存在。这个过程仍然可以用（P2）来表达，这是因为在 a_1 和 a_2 的层面上，群体适合度与群体性状仍然显示协变关系，即 $\mathrm{Cov}(W_k, Z_k)$不等于 0。但这个协变值不过是个体的适合度与相应性状的统计平均值，也就是说，在群体层次上并不存在直接选择，因果关联只发生在个体层面上，在群体层面上的性状与适合度的协变只不过是个体选择的副产品。

奥卡沙将用（P2）来表达 MLS1 的方式称为简单协变法（simple covariance approach）（Okasha 2004）。它的缺点就在于它难以区别直接选择和跨层次的副产品。这个区别十分重要，因为许多学者认为，只有存在着直接选择的 MLS1，才能被看成为群体选择。为了给 MLS1 一个能够区别直接选择和跨层次的副产品的普赖斯方程，奥卡沙借鉴了生物学家海斯勒和达姆特引入的另一种统计分析方法，即背景分析法（contextual approach）（Heisler and Damuth，1987）。这种方法的基本思想是把群体的性状看成是群体中个体的背景性状。比如，种群的平均奔跑速度可以被理解为该种群中个体的背景性状。这样，该种群中每个个体都有两种性状、一个是个体性状；一个是群体的平均性状。这两个性状共同决定个体的适合度。这种情况可用如下的线性回归模型来表示群体中个体的适合度：

$$(\text{P4})\quad w_{jk}=\beta_1 z_{jk}+\beta_2 Z_k+e_{jk},$$

其中，z_{jk} 表示群体k 中第j 个个体的性状，Z_k 表示群体k 中该性状的值；β_1 是基于个体性状的个体适合度的回归系数，β_2 是基于群体性状的个体适合度的回归系数；e_{jk} 则代表对个体适合度有所影响的其他因素。海斯勒和达姆特认为选择可以作用在群体层次上的必要条件是β_2 不等于0，因为它意味着群体性状作为个体的背景对个体的适合度有所影响。它排除了我们在讨论简单协变法时所讨论的情况：无论是在 a_1 还是在 a_2 中，群体的性状值对其中个体的适合度都没有影响，即$\beta_2=0$。奥卡沙将(P4) 引入普赖斯公式表示同一层次中的适合度与性状的最基本的协变关系 $w^{-}\Delta z^{-}=\text{Cov}(w, z)$ 之后，得出如下公式：

$$(\text{P5})\quad w^{-}\Delta z^{-}=\text{Cov}(\beta_1 z+\beta_2 y+e, z),$$

其中，z 和 y 分别是影响适合度的两个性状。由于 $\text{Var}(z)=\text{Cov}(z, z)$，$\text{Cov}(z, e)=0$，则(P5)可写成：

$$(\text{P6})\quad w^{-}\Delta z^{-}=\beta_1\text{Var}(z)+\beta_2\text{Cov}(z, y)。$$

然后，把(P6)放入多层次的背景中，即将(P6)中的 z 看成为低层次的个体性状，把 y 换成高层次的群体性状 Z。由于在 MLS1 中，群体的适合度 W 可由群体中个体的平均适合度来确定，也就是说 $\mathrm{Cov}(W, Z) = \mathrm{Cov}(w, Z)$，那么，从(P6)可推出 MLS1 的一个表达公式：

$$\text{(P7)} \quad \mathrm{Cov}(W, Z) = \beta_1 \mathrm{Var}(Z) + \beta_2 \mathrm{Var}(Z)。$$

(P7)意味着，群体层次上的性状与适合度的协变由两个部分组成，即 $\beta_1 \mathrm{Var}(Z)$ 和 $\beta_2 \mathrm{Var}(Z)$。由于 β_1 是基于个体性状的个体适合度的回归系数，$\beta_1 \mathrm{Var}(Z)$ 表达了直接作用于个体性状 z 的选择在群体层次上的副作用。同时，由于 β_2 是基于群体性状的个体适合度的回归系数，$\beta_2 \mathrm{Var}(Z)$ 表达了作用于群体性状之上的直接选择。只要 β_2 不等于 0，MLS1 就可以成为真正的群体选择(Okasha 2006，89)。对比对 MLS1 的两种表达(P2)与(P7)我们不难发现，两者的根本区别在于，在(P2)中的性状与适合度的单纯的协变 $\mathrm{Cov}(W, Z)$ 在(P7)中则分别由在低层次的 β_1 与在高层次的 β_2 来决定。正是这个区别，使得(P7)能够表达直接选择与跨层次的副产品的区别，而(P2)则不能。

至于由(P3)所表达的 MLS2，也会存在跨层次的副产品的情况。比如，在某生态环境中，一个群体 A 替代了另一个群体 B 的原因可以是 A 的平均奔跑速度大于 B。看起来这是个群体选择的结果，而实际上这不过是奔跑速度快的个体替代奔跑速度慢的个体的结果。要想使得 MLS2 表达真正的群体选择，就需要保证群体适合度起码是部分地由群体性状来决定。在使用背景分析法后，MLS2 可表达为

$$\text{(P8)}\quad \mathrm{Cov}(Y,\ Z) = \beta_1 \mathrm{Var}(Z) + \beta_2 \mathrm{Cov}(W,\ Z),$$

其中，$\beta_1 \mathrm{Var}(Z)$表示了对于群体性状 Z 的直接选择，$\beta_2 \mathrm{Cov}(W,\ Z)$可以是来自个体选择的副产品。(P7)和(P8)分别为 MLS1 和 MLS2 中的性状与适合度的协变做出了直接选择和跨层次的副产品的区分。这个区分至关重要，因为它直接关系到我们曾看到过的许多争论，如账簿论据、布兰登的屏蔽原则、韦尔芭与劳埃德所争论的突现性状与叠加性状，以及古尔德的突现适合度等。实际上，奥卡沙的研究的重要意义就在于为分析这些争论，以及这些争论之间的关系提供了有效的分析工具。

例如，在许多为基因层次之上的选择层级辩护的策略(如围绕着账簿论据或突现性状的争论)中，都有高层次的选择不能还原为低层次选择的要求，否则，高层次的选择就可能是跨层次的副产品。温萨特对选择单位的定义就清楚地表达了这一要求。根据这个定义，“选择单位是这样的实体，与它同层次的实体中存在着适合度的可遗传的、背景独立的变异，而这又不表现为任何较低组成层次的可遗传的背景独立的适合度

变异”（Wimsatt 1980，236）。所谓背景独立的适合度变异是指发生在特定层次上的、与其他层次的适合度无关的适合度差异，而背景独立又是以适合度的加和性（additivity）来刻画的。某一层次上的适合度是加和的，是指该适合度的变化完全可以表示为另一层次上的适合度或性状变化的线性函数。任何非基因选择的辩护对高层次选择不能还原为低层次选择的要求也可以理解为高层次的适合度的变异不完全是加和的。奥卡沙指出这个要求是建立在如下两个命题之上的：

（命题1）如果存在群体选择，则必有群体适合度的非加和性的变异。

（命题2）如果不存在群体选择，则群体适合度的所有变异就都是加和性的。（Okasha 2006，116－117）

但从奥卡沙提供的分析资源来看，就可以发现这两个命题都有问题。

从MLS1的视角来看，索伯和威尔逊的群体选择理论就形成了对这两个命题的怀疑。我们曾经讨论过，在索伯和威尔逊的理论中，利他的个体和自私的个体分布在不同的群体中。在一个群体内，个体选择倾向于自私的个体；而在不同的群体之间，利他个体占多数的群体更被自然选择所青睐。在这个理论中，群体适合度是利他个体在群体中的比例的线性函数。也就是说，群体适合度是加和性的，因为它是由利他个体的比例所决定的。这就是说，索伯和威尔逊的群体选择理论与(命题 1)冲突,但该理论符合(P7)方程对群体选择的要求,即 β_2 不等于 0。同时,索伯与威尔逊的理论也意味着(命题 2)无法成立。这是因为在他们的理论中,只有两种方式使得群体选择不存在:或者所有的群体的适合度相同,或者群体适合度与群体性状没有关联。如果是前者,那么群体的适合度无论是否加和,都无法产生适合度变异;如果是后者,则并不意味着所有的群体适合度都是加和性的。实际上,如果群体适合度与群体性状无关联,则无法建立群体适合度与利他个体的比例的线性关系。因此,(命题 2)值得怀疑。我们在上一章介绍对互动子的研究所引起的群体选择回归时特别介绍了索伯和威尔逊的理论与各种物种选择理论。多数物种选择理论建立在这两个命题之上,可见这些理论与索伯和威尔逊的理论有着根本性区别。奥卡沙的分析使我们看到了群体选择理论以及寻求互动子过程的复杂性。

通过这种分析,奥卡沙对以往的自然选择单位与层次的研究做出了新颖而深刻的观察。对于基因选择,奥卡沙指出,以往的争论之所以显得扑朔迷离、难有定论,很大程度上是因为未能区分经验研究层面上的基因选择(genic selection)与在方法层面上的基因视角(gene's eye viewpoint)下的演化。经验研究层面上的基因选择关注一个生物个体或一个基因组中的基因选择的因果过程,它自然地形成了一个独立的选择层次;而基因视角下的演化可以发生在不同的选择层次上,为基因与该层次上的选择过程建立统计的或因果的联系。在奥卡沙看来,这个区分可以使许多围绕在"自私的基因"之上的争论得以解决。这是因为经验研究层面上的基因选择并不多见,它只发生在基因组之内的基因因各自的演化方向不同而引起的冲突中。这种基因选择可以使得某一基因的频率增加,即使这个频率的变化会不利于基因所在的生物体的生存,因此,基因层面上的选择优势可能会引起在生物个体层次上的演化劣势。对这个复杂过程的理解需要引入多层次选择模型。因此,多层次选择理论并不像许多人认为的那样与基因选择理论不兼容。

我们曾看到围绕在群体选择的一系列争论,比如亲族选择与群体选择的关系、不同的群体选择模型的优劣、群体选择与利他主义问题的关系等。奥卡沙指出,很多争论的起因都是由对群体选择的如下两个条件的不同理解所造成的:一个是群体选择必须有群体适合度的变异,即某些群体必须要比其他群体拥有更高的繁殖率;另一个是群体对个体适合度的影响,即个体适合度必须受到与群体中其他成员的互动的影响。奥卡沙指出,如果不满足第二个条件,而只满足第一个条件,即只满足(命题 1)和(命题 2),那么,任何群体适合度的变异都有可能是跨层次的副产品。

第二节　选择层次的跃迁

奥卡沙在其著作的最后一章中讨论了演化的跃迁(transition)问题。他指出这是选择单位与层次问题的最新转向,即从各层次的共时性结构问题的研究转向各层次形成的历时性问题的研究。共时性研究把选择的单位和层次当作已经存在的实体来研究,而共时性的研究试图揭示这些实体是如何产生的。达尔文演化论给出了生物体从简单结构到复杂结构的发展图景。比如,我们有理由相信多细胞生物体是从单细胞生物体演化而来,而真核生物由原核生物演化而来,等等。只有深入研究这些发展过程,理解多层级的生物界是如何构成的,才能对选择的单位和层次问题给出令人满意的解决方案。

对选择层次的跃迁的当代研究起始于美国生物学家巴斯(Leo W. Buss)的《个体化的演化》(*The Evolution of Individuality*)一书(Buss 1987)。在这部书中,巴斯探讨了生物界不同层级的选择单位或个体的产生和演化过程。对选择层次最著名的研究成果来自英国演化生物学家梅纳德·史密斯和萨茨马利(Eors Szathmary),他们把生物体从简单到复杂的演化过程看成是一系列从低层次跃迁到高层次的过程(Maynard Smith and Szathmary 1995)。这个过程可以包括以下一些重要的跃迁步骤:

从可复制的分子到区域化的分子种群；

从独立的复制子到染色体；

从作为基因和酶的 RNA 到 DNA + 蛋白质(基因密码)；

从原核生物到真核生物；

从无性克隆到有性生殖的种群；

从原生生物到动物、植物和真菌(不同细胞组成的)；

从独处的个体到群落；

从灵长类社会到人类社会(具有语言的)。

这个跃迁步骤的列表以信息传递的复杂性的演化为焦点，但不是生物从简单到复杂的演化过程的唯一的列表方式。如果我们把焦点集中在其他一些表现型的功能演化上，如视觉的产生、飞行能力的产生等，就可以得出与此不同的列表。在这个列表所展示的许多步骤中有一个重要特性，即跃迁前的一个独立的复制子，作为一个选择单位独立地生存和繁殖；而在跃迁过程中，这些复制子聚合在一起成为一个更大的复制子单位，并形成一个新的选择层级，因为这个选择层次能够独立地生存和繁殖，并具有自己的适合度。梅纳德·史密斯和萨茨马利把拥有这一特性的跃迁称为生物在演化中从简单到复杂的主要的跃迁过程(the major transitions in evolution)。一些主要跃迁过程的例子包括：

——染色体的起源：跃迁之前存在着一些独立的核酸分子的复制，在跃迁之后，一组联结在一起的分子作为整体进行复制。

——真核生物的起源：线粒体和叶绿体的祖先在跃迁之前曾是自由的原核生物，在跃迁之后只能在核膜之内进行复制。

——有性繁殖的起源：在跃迁之前，真核生物的繁殖是无性的复制过程，而在跃迁之后，真核生物必须以两个生殖细胞融合的方式进行繁殖。

——多细胞生物体的起源：在跃迁之前，单细胞的真核生物即原生生物各自独立地生存，在跃迁之后，它们只能作为动物、植物或真菌体内的一部分而生存。

——社会群体的起源：在跃迁之后，一些生物个体，如蚂蚁、蜜蜂、黄蜂、白蚁等只能在群体中生存和繁衍，人类也是如此（Maynard Smith and Szathmary 1995，6－7）。

这些从低层次到高层次的跃迁过程引发的一个重要问题就是：为什么低层次的复制子在跃迁过程中最终成为高层次的一部分，而不是从高层次的整体中脱离出来？比起单独的复制子，自然选择看起来更青睐于作为高层次的一部分。但问题是为什么会是这样？对这个问题有两个假设性的答案。第一个假设是说，生命体作为高层次整体的一部分进行繁殖，可以通过与其他部分的合作，减少经过突变的复制子继续繁殖的可能性。因此，高层次的繁殖要比低层次的复制子的适合度高。另一个假设是说，多数动、植物的生命过程中都会经过单细胞的阶段，这个阶段可以降低日后生物个体在发育过程中自身的内部冲突，增强个体自身各部分的关联，减少竞争。这同样可以赋予高层次的繁殖以更高的适合度。

演化的主要跃迁过程与选择单位和层次问题之间的关系是双向的：一方面，选择单位和层次问题影响了演化的主要跃迁的基本思路；另一方面，演化的主要跃迁的研究也改变了选择单位和层次问题的研究方式。加拿大科学哲学家罗伯特·威尔逊对选择单位和层次问题对演化的跃迁问题的影响做出如下观察：

> 以从单细胞生命到多细胞生命的跃迁为例，它应该发生在一、两亿年以前。因为多细胞生命是跃迁的产物，自然选择就不能作用于它。因此，如果跃迁过程是生物体的选择，那么，它只能作用于当时存在的生物体，即单细胞生物体。而我们可以把对这个相对复杂的多细胞体的想法应用在它们的直接祖先即单细胞生物体身上，这样，我们就会想到这些单细胞生物体一定会是演化自什么地方。如果的确如此，那么，单细胞生物体自身就是演化的结果，而自然选择就不能作用于其上。最可能成为最早的选择单位的就应该是简单的基因，即能够自我复制的DNA（或RNA）序列上的一段。自然选择正是作用于其上，并产生了第一个生物体。（Wilson 2007，156）

选择单位和层次问题指导着从单细胞生命到多细胞生命研究的一个例子是美国演化生物学家米琼德(Richard Michod)的研究。他把自己的研究看成是多层次选择的一个特例。他的研究展示了从单细胞层次到多细胞层次的跃迁过程拥有如下两个特性:一是在高层次上的合作的突现;二是高层次实体对低层次成员的冲突的防控。他认为这两个特征也存在于其他层次的跃迁过程中(Michod 1997)。在近期的研究中,他论证从单细胞层次到多细胞层次跃迁的案例也为群体选择理论提供了经验和理论上的支持(Michod 2007)。与梅纳德·史密斯和萨茨马利的演化的主要跃迁相似,米琼德区分了五种"个体化的演化跃迁"(evolutionary transitions of individuality)的过程,在这些跃迁过程中,可以独立生存与繁殖的小的选择单位聚合成一个可被看成是独立个体的大的选择单位,并以此形成一个新的生物组织层次。这五个过程分别为:

(1) 从单独的复制子到局限于区室中的复制子网络;

(2) 从互不相关的基因到染色体;

(3) 从原核细胞到具有细胞器的真核细胞;

(4) 从单细胞个体到多细胞个体;

(5) 从单独的个体到群落(Michod 2005)。

演化的主要跃迁过程对选择单位和层次问题的影响则更为显然。美国生物哲学家格里斯默(James Griesemer)指出,演化的主要跃迁问题的出现改变了选择单位和层次的研究的格局。选择单位和层次的研究在面对多层级的生物界时，一向把事先存在的不同层级的实体看成是可能的选择单位，并对此进行概念的和经验的研究与反思。但是，这种研究方式是不充分的，因为它忽视了不同层级的实体，无论是作为复制子还是作为互动子，本身也都是演化的产物。对演化的主要跃迁的研究让选择单位和层次的研究注意到以前被忽视的问题。演化跃迁是一个产生生物组织的新层次的过程，在此过程中，产生了具有适合度变异的新实体，而这些实体则有可能成为新的选择单位或层次。因此，一个令人满意的选择单位和层次的研究必须对产生相应单位和层次的跃迁过程予以足够的重视，这就需要加入历时性视角（Griesemer 2000，70）。以历时性视角为出发点，格里斯默建议用“繁殖子”（reproducer）的概念来代替“复制子”的概念，因为“繁殖子”关注遗传和代传过程中的物质转移，用发展的视角来说明遗传和演化过程。繁殖子和多层级的互动子的概念一起形成了一个统一的演化跃迁理论，用来说明生物界从简单的单层级世界演化到复杂的多层级世界的过程。

奥卡沙指出，对选择单位的跃迁的关注使得之前传统的选择单位和层次的研究中，许多演化的外生性（exogenous）说明资源转变为内生性（endogenous）说明资源（Okasha 2006，220）。比如，突变率这个参数，在之前传统的研究中被看成是影响演化结果的说明性因子。对选择层次的跃迁的研究使得研究者们很自然地把突变率本身也看成是演化的结果，考察它们在不同的类群中因不同的分子机制而产生和变化，而不仅仅把它们看成事先给予的说明因子。在奥卡沙看来，对自然选择单位和层次的单纯共时性的和外生性的传统研究进路与历史性的和内生的跃迁研究进路相比起码有三个缺点。首先，传统进路中的许多理论性概念一旦被看成为共时性的和外生的就会发现它们被简单化了，加入历时性的和内生的考虑之后它们会更具说明力。上面所说的突变率就是一个例子。另外，道金斯的复制子的概念被刻画为具有高保真复制能力的实体，能够忠实地将遗传信息从亲代传递给子代。然而，复制子的这种特征也只能是演化的结果，而且，其传递遗产信息所依赖的遗传密码也是演化的结果。同时，道金斯的载体或霍尔的互动子的概念都要求载体或互动子必须具有内在聚合性才能成为个体。但跃迁进路的研究展示了作为载体或互动子的个体本身也是由相互合作的细胞所组成的群体，它们的内在聚合性是为了抑制群内竞争而产生的结果。这些在选择单位和层次问题的讨论中常用的概念，只有在跃迁进路的视角下才能拥有有效的说明力。

传统研究进路的第二个缺点是尽管多数研究声称认同多层次选择，但仍倾向于把多细胞生物个体看作标准和常态，“个体选择”一词指的也是以多细胞个体为单位的选择。在这种观点之下，群体选择被认为是演化的特殊情况。而在跃迁进路的视角下，群体选择实为跃迁过程十分自然的结果，因为它是高层次的单位抑制其组成部分在低层次上竞争和冲突的最基本的手段。在跃迁进路中，“个体”和“群体”两词没有固定的所指，而是根据不同的跃迁背景指称不同的实体。多细胞生物体相对于单细胞生物体是群体，但相对于种群则是个体。

传统研究进路的第三个缺点是它忽略了在分层级的生物界中，各层次与其相邻层次之间有着相似的关系。比如，道金斯在解释细胞形成机制时认为，各自独立的复制子因区膜的产生而聚集在一起生存的结果并不难理解，因为一起生存的好处是能够产生互惠的生化效果。这个观察无疑是正确的。但道金斯却未能看到，这个解释机制正与群体选择的解释机制相类似。群体层次之所以形成，正是因为其中的个体可以因此而互惠。从跃迁的视角看，低层次个体之间的合作以及对群体内冲突的抑制是所有跃迁过程所共有的，没有它，高层次的单位就无法演化。其实，亲族、种群、协同互动和互惠之中的合作以及对群体内冲突的抑制，早在20世纪七八十年代就已成为社会生物学研究的课题，并不是跃迁进路的创新(Okasha 2006，221－223)。

在跃迁进路中也存在着不同方式的理论建模思路。巴斯比较了分层级的方式和基因选择方式的优劣，并认为前者因以下两点原因优于后者。首先，后者只记录了演化结果而未能说明演化的因果过程；其次，后者忽略了跨层次的互动过程。巴斯承认当时在演化生物学界占主流的威廉斯和道金斯的基因选择理论不失为一种合理的演化理论，但与自己所采用的分层级的演化理论相比并不占优势（Buss 1987，54）。一些学者则认为实际上分层级的选择理论与基因选择理论是不相容的（Falk and Sarkar 1992）。奥卡沙则指出，如果我们区分基因选择和基因视角下的演化观，则巴斯的看法仍然能够成立。因为做出这个区分之后，基因选择只是多层次选择中的一个层次，无法为整个生物界的演化建模。而基因视角下的演化观以基因和与其相关的表现型的适合度的统计关系作为理解演化过程的助勘手段，的确可以建立一个演化模型（Okasha 2006，226）。然而，梅纳德·史密斯和萨茨马利却不同意巴斯的看法。他们认为基因视角下的演化观是比跃迁进路建模的更好的方式，因为跃迁本性必须用个体复制子的选择优势来刻画，并以此为基础来说明分层级的生物界的演化。而在奥卡沙和米琼德看来，在为跃迁进路建模时完全可以采用多元主义的方法论，而无需固执于唯一一种最好的建模方式。

在这种多元主义方法论的背景下，奥卡沙提出了自己的对跃迁进路的多层次选择理论。我们曾看到，奥卡沙把多层次选择区分为 MLS1 和 MLS2 两种模式。MLS1 以个体为焦点，其中的群体适合度由个体适合度的平均值来计算。MLS2

同时以个体和群体为焦点，两者的适合度以各自独立的方式来计算。MLS1 和 MLS2 的普赖斯方程的表达分别为(P7)和(P8)。奥卡沙认为，跃迁过程分为两个阶段。在第一个阶段中，低层次的个体选择牺牲个体利益而进行互惠合作。由于这个阶段的主要特性就是个体的利他主义性状在一个种群中的扩散，其中种群的适合度可以由个体的适合度来确定，因而，这个阶段可以用 MLS1 来表征。奥卡沙也论证了这种表征与亲族选择理论和性状群体理论是兼容的。到了第二个阶段，则出现了群体之间的相互竞争，因而群体已经成为一个新的选择单位。对这个阶段，MLS2 则是合适的表征。奥卡沙的这个多层次选择理论成功地为跃迁过程提供了一个分阶段的刻画，在第一阶段中，MLS1 以作为复制子和互动子的低层次上的个体为对象，而在第二阶段中，MLS2 以作为互动子的高层次上的群体为对象。这个理论的成功也印证了上一节的一个结论，即奥卡沙运用普赖斯方程的各种理论延展，为选择单位和层次问题的研究提供了一套统一的分析工具。

除了奥卡沙的理论，还存在着许多其他的对演化跃迁的哲学分析，可以说是当前生物学哲学的一个热点课题(Calcott and Sterelny eds. 2011)。其中十分有特点并颇具影响的是美国纽约城市大学的科学哲学和生物学哲学家高德菲·史密斯以达尔文种群概念对选择层次的跃迁的分析(Godfrey-Smith 2009; 2011)。其中他的《达尔文种群与自然选择》(*Darwinian Populations and Natural Selection*)一书也继奥卡沙的《演化与选择层次》之后获取拉卡托斯奖。这两部书的获奖充分展示了自然选择的单位与层次问题在当代科学哲学中的重要地位。一个达尔文种群(Darwinian population)是一个能够进行演化变化的群体,其中的成员被称为达尔文个体(Darwinian individual)。我们在本书的一开始就介绍了列万廷对自然选择的定义,即一个可进行自然选择的种群需具有可变异、存在着差别性适合度以及可以遗传三个特性。高德菲·史密斯把满足列万廷三个特性的种群称为最低限度的达尔文种群(the minimal concept of a Darwinian population)。然而,最低限度的达尔文种群只是一个粗糙的起点,无法精细地刻画自然选择和跃迁过程。这是因为即使满足最低限度的达尔文种群,也可能只产生一些无关紧要的性状变化,其重要性难以与大脑或视觉的产生等这类决定演化方向的变化相比。因此,为了能够分析选择层次的跃迁,就需要在最低限度的达尔文种群之外加入更多的条件。

高德菲·史密斯为此做了两件事:一是区分典范的和边缘的达尔文种群;二是用一些参数建立达尔文空间。所谓典范的达尔文种群(paradigm Darwinian population),是指那些能够产生出新的、复杂的和有适应性性状的种群。边缘的达尔文种群(marginal Darwinian population)是指那些接近却还不是最低限度的达尔文种群的种群，它们已经能够产生一些具有重要后果的性状变化。而达尔文空间(Darwinian space)则是由三个可被量化的维度所组成。一是 H，它代表遗传过程中的保真度。二是 S，它代表适合度变化对内在性状的依赖程度。一个种群中的个体的适合度的不同可由内在性状如个体的奔跑速度来决定，也可受到外在性状如地理位置和气候变化等影响。S 是种群的整合性(integration)的标志。第三个维度 C 代表着表现型的变化幅度与受其影响而产生的适合度变化幅度的相似性。如果在一个种群中，幅度很小的表现型变化引起大幅度的适合度变化，我们就可以说这个种群的 C 很小。种群的 C 越小就难以适应环境。一般来说，三个维度的值越小，种群就越靠近边缘，而三个维度的值越大，种群就越靠近典范(Godfrey-Smith 2009，64；2011，68)。

达尔文空间牵扯到一个重要的概念，就是生物的繁殖(reproduction)。高德菲·史密斯不愿意使用被广为接受的复制子的概念，因为他担心这个概念中的隐含着某种能动式(agential)的含义会使达尔文种群概念增加不必要的复杂性。因此，他更愿意直接使用“繁殖”一词。繁殖是这样一个过程，它 1)产生新的个体；2)该个体与种群中其他成员属于同类；3)是通过与同一种群中已存在的个体的因果关系而获得的。同时，也可能存在与繁殖貌似相似而实际上却相互违背的过程，它 1′)是同一个体的增长；2′)产生残缺品或人造物；3′)并非由亲代产生，比如是试管克隆的产物。

在给出了这些分析资源之后，高德菲·史密斯就可以依赖它们建立起跃迁过程的模型。它的基本思想是这样的。跃迁伊始，一个达尔文种群中的个体之间产生可以相互影响他人适合度的互动。当这些影响足以区别参与互动的个体与没有参与互动的个体的平均适合度时，参与互动的个体就组成了一个聚集体(collective entity)。起初，具有这种特性的聚集体还只是边缘性的达尔文群体，它们不能被看作独立的个体进行繁殖，因为还难以分清其繁殖过程是聚集体的繁殖还是同一聚集体的增长。然而，随着聚集体的整合度的提高，跃迁的质的飞跃发生了。这个飞跃就像奥卡沙所描述的，是由聚集体作为整体对自身的个体之间相互冲突的抑制和相互合作的促进来完成的。高德菲·史密斯把这种特性称作高层次群体对低层次实体的去达尔文化(de-Darwinize)。去达尔文化可以采取不同的方式。比如，它可以通过个体聚集在一起产生一个具有独立繁殖能力的实体，比如从单细胞生物产生多细胞生物的跃迁。它还可以通过使得聚集体中某些成员的繁殖机会优于其他成员的繁殖机会而产生，比如社会性昆虫的形成。它还可以通过使得聚集体中的某些成员对其他成员拥有某种控制力而产生，比如原核生物到真核生物的跃迁(Godfrey-Smith 2009，123－124)。一旦对低层次个体完成了去达尔文化，高层次的聚集体就成为典范性的达尔文种群，拥有自己的因可遗传的性状所引起的适合度，也就是说，形成了新的自然选择的单位和层次。

高德菲·史密斯和奥卡沙的选择层次跃迁理论是诸多理论中的两个例子[31]。这些理论各有不同之处，对其中技术性分歧的讨论是当今自然选择单位和层位问题的讨论重点。选择这两个理论作为代表介绍选择层次的跃迁问题，不仅因为两位作者都是生物学哲学家，对讨论中的哲学问题更为敏感，更重要的是，他们的研究清楚地显示出如下两个十分重要的结论：第一，对选择层次跃迁的研究展示了选择单位和层次这个问题不可避免地要从共时性研究转向历时性研究；第二，对选择层次跃迁的历时性研究充分展示了我们在本书中所讨论过的一系列看起来互不兼容的理论，如个体选择、基因选择、群体选择、亲族选择、性状群体选择、物种选择等，在历时性研究中都有其相应的位置。这两个结论也可以看作未来自然选择单位和层次研究的起点。

纵观自然选择单位和层次问题的发展历史，我们不难发现其中的理论变化频繁而且巨大。在 20 世纪 70 年代中，很难看到有生物学家支持群体选择，因为在当时看来群体选择似与新达尔文主义不相符。支持群体选择的学者多来自于生

---

[31] 有关当代的一些其他的理论，可参看 Queller (2000)，Michod (2005; 2007)，Griesemer (2000)，Calcott and Sterelny (eds. 2011)。

态学或社会学领域。80 年代后,生物哲学家们提出的理论性概念,比如互动子,革命性地使得生物学家们把目光投向过去因本体论或方法论上的约束而未能注意的领域,从而对问题产出了全新的看法,使得群体选择、物种选择等非主流理论可以被从容地研究和讨论。而进入 21 世纪后,在多层次选择理论和历时性考察的大背景下,群体选择已经是说明演化的主要跃迁时绕不开的课题。这种频繁而巨大的理论变化起码展示了两个重要的特征:第一,这种变化是生物学的经验研究和生物学哲学在本体论和方法论上的思考相互影响、紧密互动的结果,充分表明了关注科学实践、以科学现实为讨论对象的哲学反思对经验科学发展起到的促进作用。第二,生物学中许多理论巨变并非是库恩式的范式转变。尽管近 40 年间生物学家们对群体选择的看法是如此不同,好像他们生活在不同的世界中,然而,在这个巨大的变化里却完全看不到库恩所描述的革命,因为变化的过程并没有任何非理性的因素。本体论上的概念和方法论上的操作的某些变化,都可以导致理论上的飞跃。我们有理由相信未来生物学的发展,尤其是自然选择单位和层次的研究仍会给我们更多的意想不到的成果。

参考文献

Agrawal, A. F. (2001) "Kin Recognition and the Evolution of Altruism", *Proceedings: Biological Sciences*, Vol. 268, No. 1471, pp. 1099 - 1104.

Allee, W. C., Emerson, A. E., Park, O. and Schmidt, K. P. (1949) *Principles of Animal Ecology*, Philadelphia, PA: W. B. Saunders.

Alexander, R. A. (1979) *Darwinism and Human Affairs*, Seattle: University of Washington Press.

Axelrod, R. (1984) *The Evolution of Cooperation*, New York: Basic Book. 中译本:罗伯特・阿克塞尔罗德著《合作的进化》,吴坚忠译,上海世纪出版集团,2007 年。引文页码为中译本页码。

— (1997) *The Complexity of Cooperation: Agent-Based Models of Competition and Collaboration*, Princeton: Princeton University Press.

Borrello, M. E. (2008) *Evolutionary Restraints: The Contentious History of Group Selection*, Chicago and London: The University of Chicago Press.

Bowler, P. (1989) *Evolution, The History of an Idea*, Berkeley, Los Angeles, London: University of California Press.

Bowles, S. and Gintis, H. (2011) *A Cooperative Species: Human Reciprocity and its Evolution*, Princeton: Princeton University Press.

Brandon, R. (1982) "The Levels of Selection" in P. Asquith and T. Nickles (eds.) *PSA* 1982, *Vol*. 1, *East Lansing*: *The Philosophy of Science Association*, pp. 315 - 324.

Brandon, R. and Burian, R. M. (eds.) (1984) *Gene*, *Organisms*, *Populations*: *Controversies over the Units of Selection*, Cambridge MA: MIT Press.

Burian, R. M. (2010) "Selection Does Not Operate Primarily on Genes" in F. J. Ayala and R. Arp (eds.) *Contemporary Debates in Philosophy of Biology*, Wiley-Blackwell, pp. 141 - 164.

Buss, L. W. (1987) *The Evolution of Individuality*, Princeton: Princeton University Press.

Calcott, B. and Sterelny, K. (eds.) (2011) *The Major Transitions in Evolution Revisited*, The MIT Press.

Cort, D. (1963). "The Glossy Rats: A Review of *Animal Dispersion in Relation to Social Behavior*." *Nation*, Vol. 197 No. 16, pp. 327.

Damuth, J. (1985) "Selection among 'Species': A Formulation in Terms of Natural Functional Units" *Evolution*, Vol. 39, No. 5, pp. 1132 - 1146

Damuth, J. and Heisler, I. L. (1988) "Alternative Formulations of Multilevel Selection", *Biology and Philosophy*, Vol. 3, pp. 407 - 430.

Darwin, C. (1859) *On the Origin of Species*, London: John Murray, Albemarle Street, 1859;中译本:达尔文著《物种起源》,周建人、叶笃庄、方宗熙译,商务印书馆,1995 年。引文页码为中译本页码。

— (1871) *The Descent of Man*, *and Selection in Relation to Sex*, London: John Murray, Albemarle Street;中译本:达尔文著《人类的由来》,潘光旦、胡寿文译,商务印书馆,1983 年。引文页码为中译本页码。

Dawkins, R. (1976) *The Selfish Gene*, Oxford: Oxford University Press. 中译本:R·道金斯著《自私的基因》,卢允中、张岱云译,科学出版社,1981 年。引文页码为中译本页码。

— (1982) *The Extended Phenotype*, Oxford: Oxford University Press.

Dilão, R. and Joaquim S. (2004) "Modelling Butterfly Wing Eyespot Patterns", *Proceedings Biological Science*, Vol. 271, No. 1548, pp. 1565 - 1569.

Doolittle W. F. and Carmen S. (1980) "Selfish Genes, the Phenotype Paradigm and Genome Evolution", *Nature*, Vol. 284, pp. 601 - 603.

Dugatkin, L. A. and Reeve, H. K. (1994) "Behavioral ecology and levels of selection: Dissolving the group selection controversy", *Advances in the Study of Behavior* Vol. 23, pp. 101 - 133.

Eldredge, N. (1985) *Unfinished Synthesis: Biological Hierarchies and Modern Evolutionary Thought*, New York: Oxford University Press.

Eldredge, N. And Gould, S. J. "Punctured Equilibria: An Alternative to Phyletic Gradualism" in T. J. M. Schopf (ed.) *Models in Paleobiology*, San Francisco: Freeman, pp. 82 - 115.

Elton, C. S. (1963). "Self-Regulation of Animal Populations." *Nature*, 197 (February, 16), p. 634

Falk, R and Sarkar, S. (1992) "Harmony from Discord", *Biology and Philosophy*, Vol. 7, pp. 463 - 472.

Frank, S. A. (1998) *Foundations of Social Evolution*, Princeton: Princeton University Press.

Gannett, L. (1999) "What's in a Cause?: The Pragmatic Dimensions of Genetic Explanations", *Biology and Philosophy*, Vol. 14, pp. 349 - 374.

Godfrey-Smith, P. (2009) *Darwinian Populations and Natural Selection*, Oxford: Oxford University Press.

—(2011) "Darwinian Populations and Transitions in Individuality" in Calcott and Sterelny (eds.), pp. 65 - 81.

Gould, S. J. (1980) "Caring Groups and Selfish Genes" in The Panda's Thumb, New York: W. W. Norton, pp. 85 - 92. 中译本:"相互关心的群体与自私的基因",《熊猫的拇指:自然史沉思录》,田洺译,三联书店,1999年,第86—94页。引文页码为中译本页码。

— (2002) *The Structure of Evolutionary Theory*, The Belknap Press of Harvard University Press.

Gould, S. J. and Lloyd, E. A. (1999) "Individuality and Adaptation across Levels of Selection: How Shall We Name and Generalize the Unit of Darwinism", *Proceedings of National Academy of Sciences*, Vol. 96, No. 21, pp. 11904 - 11909.

Grafen, A. (1990) "Do Animals Really Recognize Kin?", *Anim. Behav.* Vol. 39, pp. 42 - 54.

— (2006) 'Optimization of Inclusive Fitness', *Journal of Theoretical Biology*, 238: 541 - 63.

Grantham, T. A. (1995) "Hierarchical Approaches to Macroevolution: Recent Work on Species Selections and the 'Effect Hypothesis'", *Annual Review of Ecology and Systematics*, Vol 26, pp. 301 - 321.

Grisemer, J. (2000) "The Units of Evolutionary Transition", *Selection*, Vol. 1, pp. 67 - 80.

Hamilton, W. D. (1964) "The Genetical Evolution of Social Behaviour I and II", *Journal of Theoretical Biology*, Vol. 7, pp. 1 - 6; 17 - 32.

— (1970) "Selfish and Spiteful Behaviour in an Evolutionary Model", *Nature*, Vol. 228, pp. 1218 - 1220.

— (1972) "Altruism and Related Phenomena, Mainly in the Social Insects", *Annual Review of Ecology and Systematics*, Vol. 3, pp. 193 -232.

— (1987) "Discrimination Nepotism: Expectable, Common, Overlooked" in *Kin Recognition in Animals* (eds. D. J. C. Fletcher & C. D. Michener), New York: Wiley, pp. 417 - 437.

Hamilton, W. D. and Axelrod, R. (1981) "The Evolution of Cooperation", *Science*, Vol. 211, pp. 1390 - 1396.

Hammerstein, P. (eds.) (2003) *Genetic and Cultural Evolution of Cooperation*, Cambridge MA: The MIT Press.

Hampe, M., and Morgan, S. R. (1988) "Two Consequences of Richard Dawkins' View of Genes and Organisms". *Studies in History and*

Philosophy of Science, Vol. 19, pp. 119 - 138.

Hepper, P. G. (ed.) (1991) *Kin Recognition*, Cambridge: Cambridge University Press.

Heisler, I. L. and Damuth, J. (1987) "A Method for Analyzing Selection in Hierarchically Structured Populations", *American Naturalist*, Vol. 130, pp. 582 - 602.

Hull, D. (1980) "Individuality and Selection", *Annual Review of Ecology and Systematics*, Vol. 11, pp. 311 - 332.

— (2001) *Science and Selection — Essays on Biological Evolution and the Philosophy of Science*, Cambridge: Cambridge University Press.

Jablonka, E. and Lamb M. J. (2005) *Evolution in Four Dimensions — Genetic, Epigentic, Behavioral, and Symbolic Variation in the History of Life*, Cambridge, Massachusetts, London, England: The MIT Press.

Jordan, D. S. and Kellogg, V. L. (1907) *Evolution and Animal Life: An Elementary Discussion of Facts, Processes, Laws and Theories relating to the Life and Evolution of Animals*, New York: D. Appleton.

Jenkins, D. and Waston, A. (1997) "Obituary: Vero Copner Wynne-Wdwards (1906 - 1997)", *Ibis*, Vol. 139(2), pp. 415 - 418.

Keller, E. F. and Lloyd, E. A. (eds.) (1992) *Keywords in Evolutionary Biology*, Harvard University Press.

Keller, L. (ed.) (1999) *Levels of Selection in Evolution*, Princeton: Princeton University Press.

Kerr, B. and Godfrey-Smith, P. (2002) "Individualist and Multi-level Perspectives on Selection in Structured Populations", *Biology and Philosophy*, Vol. 17, no. 4, pp. 477 - 517.

Kitcher, P. (1985) *Vaulting Ambition: Sociobiology and the Quest for Human Nature*, Cambridge, Mass.: MIT Press.

Kitcher, P., Sterelny, K. and Waters, K. C. (1990) "The Illusory Riches of Sober's Monism", *The Journal of Philosophy*, Vol. 87,

No. 3, pp. 158 - 161.

Kropotkin, P. A. (1902) *Mutual Aid: A Factor in Evolution*, New York: McClure Philips.

Lack, D. (1954) *The Natural Regulation of Animal Numbers*, Oxford: Oxford University Press. V. C.

— (1966) *Population Studies of Birds*. Oxford: Clarendon.

Laudan, L. (1990) "The History of Science and Philosophy of Science" in R. C. Olby, G. N. Cantor, J. R. R. Christie and M. J. S. Hodge (eds.) *Companion to the History of Modern Science*, London and New York: Routledge.

Lewontin, R. C. (1970), "The Units of Selection", *Annual Review of Ecology and Systematics*, Vol. 1, pp. 1 - 18.

Lloyd, E. A. (1988) *The Structure and Confirmation of Evolutionary Theory*, Creenword Press.

— (1992) "Unit of Selection" in E. F. Keller and E. A. Lloyd (eds.) *Keywords in Evolutionary Biology*, Harvard University Press, pp. 334 - 340.

— (2007) "Units and Levels of Selection" in David Hull and Michael Ruse (eds.) *The Cambridge Companion to the Philosophy of Biology*, Cambridge: Cambridge University Press, pp. 44 - 65.

— (2008) *Science, Evolution and Politics*, Cambridge: Cambridge University Press.

— (2012) "Units and Levels of Selection" Stanford Encyclopedia of Philosophy, http://plato.stanford.edu/entries/selection-units/.

Lloyd, E. A., Lewontin, R. C. and Feldman, M. W. (2008) "The Generational Cycle of State Spaces and Adequate Genetical Representation", *Philosophy of Science*, Vol. 75, pp. 140 - 156.

Lloyd, E. A. and Gould, S. J. "Species Selection on Variability", *Proceedings of National Academy of Sciences*, Vol. 90, pp. 595 - 599.

Maynard Smith, J. (1964) "Group Selection and Kin Selection",

Nature, Vol. 201, pp. 1145 – 47.

— (1976) "Group Selection", *Quarterly Review of Biology*, Vol. 51, pp. 277 – 283.

— (1982) *Evolution and the Theory of Games*, Cambridge: Cambridge University Press.

— (1989) *Evolutionary Genetics*, Oxford: Oxford University Press.

— (1998) "The Origin of Altruism", *Nature*, Vol. 393, pp. 639 – 40.

Maynard Smith, J. and Szathmary, E. (1995) *The Major Transitions in Evolution*, Oxford: Oxford University Press.

Mayr, E. (1963) *Animal Species and Evolution*. Cambridge: Harvard University Press.

— (2001) *What Evolution Is*? Basic Books; 中译本:恩斯特・迈尔著《进化是什么》,田洺译,上海世纪出版集团,2009 年。

McElreath, R. and Boyd, B. (2007) *Mathematical Models of Social Evolution*, Chicago: Chicago University Press.

Michod, R. (1997) "Evolution of the Individual", *The American Naturalist*, Vol. 150, No. S1, pp. 5 – 21.

— (2005) "On the Transfer of Fitness from the Cell to the Multicellular Organism", *Biology and Philosophy*, Vol. 20, pp. 967 – 987.

— (2007) "Evolution of Individuality during the Transition from Unicellular to Multicellular Life", *Proceedings of the National Academy of Sciences of the United States of America*, Vol. 104, pp. 8613 – 8618.

Nijhout, H. F. and Paulsen, S. M. (1997) "Developmental Models and Polygenic Characters", *The American Naturalist*, Vol. 149, pp. 394 – 405.

Nijhout, H. F., Smith, W. A., Schachar, I., Subramanian, S., Tobler, A., and Grunert, L. W. (2007) "The Control of Growth and Differentiation of the Wing Imaginal Disks of Manduca sexta", *Developmental Biology*, Vol. 302, pp. 569 – 574.

Okasha, S. (2004) "Multi-level Selection, Covariance and Contextual

Analysis", *British Journal for the Philosophy of Science*, Vol. 55, pp. 481 - 505.

— (2006) *Evolution and the Levels of Selection*, Oxford: Oxford University Press.

— (2008) "The Units and Levels of Selection" in Sahotra Sarkar and Anya Plutynski (eds.) *A Companion to the Philosophy of Biology*, Blackwell Publishing Ltd., pp. 138 - 156.

— (2013) "Biological Altruism" in *Stanford Encyclopedia of Philosophy*, http://plato.stanford.edu/entries/altruism-biological/.

Orgel, L. E. and F. H. C. Crick, (1980) "Selfish DNA: The Ultimate Parasite", Nature, Vol. 284, pp. 604 - 607.

Pomiankowski, A. (1999) "Intragenomic Conflict" in L. Keller (ed.), pp. 121 - 152.

Price, G. R. (1972) "Extension of Covariance Selection Mathematics", *Annals of Human Genetics*, Vol. 35, pp. 485 - 490.

Queller, D. C. (2000) "Relatedness and the Fraternal Major Transitions", *Philosophical Transitions of the Royal Society of London*, B. 355, pp. 1647 - 1655.

Riley, C. V. (1894) "Social Insects from Psychical and Evolutional Points of View", *Proceedings of the Biological Society of Washington*, Vol. 9, p. 53.

Rosenberg, A. (1992) "Altruism: Theoretical Contexts" in E. F. Keller and E. A. Lloyd (eds.), pp. 19 - 28.

Rosenberg, A. and McShea, D. W. (2008) *Philosophy of Biology — A Contemporary Introduction*, New York and London: Routledge.

Ruse, M. (1980/1989) "Charles Darwin and Group Selection", *Annals of Science*, Vol. 37, pp. 615 - 630; selected in *The Darwinian Paradigm: Essays on its History, Philosophy and Religious Implications*, London and New York: Routledge, 1989, pp. 35 - 55.

Sapienza, C. (2010) "Selection Does Operate Primarily on Genes — In Defense of the Gene as the Unit of Selection" in Francisco J. Ayala and Robert Arp (eds.) *Contemporary Debates in Philosophy of Biology*, Wiley-Blackwell, pp. 127 - 140.

Sarkar, S. (2008) "A Note on Frequency Dependence and the Levels/Units of Selection", *Biology and Philosophy*, Vol. 23, pp. 217 - 228.

Sekimura, T., Madzvamuse, A., Wathen, A. J. and Maini, P. K. (2000) "A Model for Colour Pattern Formation in the Butterfly Wing of Papilio dardanus", *Proceedings: Biological Sciences*, Vol. 267, No. 1446, pp. 851 - 859.

Shanahan, T. (1997) "Pluralism, Antirealism, and the Units of Selection", *Acta Biotheoretica*, Vol. 45, pp. 117 - 126.

Simpson, G. G. (1953) *The Major Features of Evolution*, Columbia University Press,

Sober, E. (1984) *The Nature of Selection*, Cambridge, Mass.: MIT Press.

— (1992) "Screening-Off and the Units of Selection" *Philosophy of Science*, Vol. 59, no. 1, pp. 142 - 152.

— (2000) *Philosophy of Biology*, 2nd edition, Westview Press, Inc.

Sober, E. and Lewontin, R. C. (1982) "Artifact, Cause, and Genic Selectionism", *Philosophy of Science*, Vol. 49, pp. 157 - 180.

Sober, E. and Wilson, D. S. (1994) "A Critical Review of Philosophical Work on the Units of Selection Problem", *Philosophy of Science*, Vol. 61, pp. 534 - 555.

— (1998) *Unto Others: The Evolution and Psychology of Unselfish Behavior*, Cambridge, MA: Harvard University Press.

Stanley, S. M. (1979) *Macroevolution: Pattern and Process*, San Francisco, Calif.: Freeman.

Sterelny, K. (1996) "Explanatory Pluralism in Evolutionary Biology", *Biology and Philosophy*, Vol. 11, No. 2, pp. 193 - 214.

Sterelny, K. and Griffiths, P. E. (1999) *Sex and Death: An Introduction to Philosophy of Biology*, Chicago: The University of Chicago Press.

Sterelny, K. and Kitcher, P. (1988) "The Return of the Gene", *The Journal of Philosophy*, Vol. 85, No. 7, pp. 339 - 361.

Thomson, J. A. (1925) *Concerning Evolution*, New Haven, CT: Yale University Press.

Todes, D. (1989) *Darwin without Malthus: The Struggle for Existence in Russian Evolutionary Thought*, New York: Oxford University Press.

Trivers, R. L. (1971) "The Evolution of Reciprocal Altruism", *Quarterly Review of Biology*, Vol 46, pp. 35 - 57.

— (1985) *Social Evolution*, Menlo Park CA: Benjamin/Cummings.

Uyenoyama, M. K. and Feldman, M. W. (1992) "Altruism: Some Theoretical Ambiguities" in Keller, Evelyn Fox and Elisabeth A. Lloyd (eds.), pp. 34 - 40.

Van der Steen, W. J., & Van den Berg, H. A. (1999) "Dissolving Disputes Over Genic Selectionism", *J. Evol. Biol.*, Vol. 12, pp. 184 -187.

Vrba, E. (1984) "What Is Species Selection", *Systematic Zoology*, Vol. 33, pp. 318 - 328.

— (1989) "Levels of Selection and Sorting with Special Reference to the Species Level", *Oxford Surveys in Evolutionary Biology*, Vol. 6, pp. 111 - 168.

Wang, R. L. (2013) "Is Natural Selection a Population-Level Causal Prcoess?" in H. K. Chao et al. (eds.) *Mechanism and Causality in Biology and Economics*, Springer, pp. 165 - 181.

Waters, K. C. (1991) "Tempered Realism about the Force of Selection", *Philosophy of Science*, Vol. 58, No. 4, pp. 553-573.

— (2005) "Why Genic and Multilevel Selection Theories Are Here to Stay", *Philosophy of Science*, Vol. 72, pp. 311 - 333.

Weinberger, N. (2012) "Is There an Empirical Disagreement between Genic and Genotypic Selection Models? A Response to Brandon and Nijhout", *Philosophy of Science*, Vol. 78, no. 2, pp. 225 - 237.

West, S. A., Grinfin, A. S. and Gardner, A. (2007) "Social Semantics: Altruism, Cooperation, Mutualism, Strong Reciprocity and Group Selection", Journal of Evolutionary Biology, Vol. 20, pp. 415 - 432.

Wheeler, W. M. (1911) "The Ant-Colony as an Organism", reprinted in his *Essays in Philosophical Biology*, Cambridge: MA: Harvard University Press.

Williams, G. C. (1966) *Adaptation and Natural Selection*, Princeton University Press, Princeton, N. J. 中译本:乔治・威廉斯著《适应与自然选择》,陈蓉霞译,上海科学技术出版社,2001 年。引文页码为中译本页码。

— (1992) *Natural Selection: Domains, Levels, and Challenges*, Oxford: Oxford University Press.

Wilson, D. S. (1983) "The Group Selection Controversy: History and Current Status", *Annual Review of Ecology and Systematics*, Vol. 14, pp. 159 - 187.

— (1989/2006) "Level of Selection: An Alternative to Individualism in Biology and the Human Science", *Social Network*, 1989, Vol. 11, pp. 257 - 272; Reprinted in E. Sober (ed.) *Conceptual Issues in Evolutionary Biology*, Cambridge, Mass.: The MIT Press, pp. 63 - 75.

— (1992) "Group Selection" in Evelyn Fox Keller and Elisabeth A. Lloyd (eds.) *Keywords in Evolutionary Biology*, Harvard University Press, pp. 145 - 148.

— (1997) "Incorporating Group Selection into the Adaptationist Program: A Case Study Involving Human Decision Making" in *Evolutionary Social Psychology*, J. Simposn and D. Kendrick (eds.), Mahwah, NJ: Lawrence Erlbaum Associates, pp. 345 - 386.

Wilson, D. S. and Dugatkin, L. A. (1992) "Altruism: Contemporary Debates" in Keller, Evelyn Fox and Elisabeth A. Lloyd (eds.), pp. 29 - 33.

Wilson, D. S. and Sober, E. (1989) "Reviving the Superorganism", *Journal of Theoretical Biology*, Vol. 136, pp. 332 - 356.

— (1994) "Reintroducing Group Selection to the Human Behavioral Sciences", *Behavioral and Brain Sciences*, Vol. 17, pp. 585 - 654.

Wilson, E. O. (1975) *Sociobiology: The New Synthesis*, Cambridge Mass: Harvard University Press;中译本:爱德华·O·威尔逊著《社会生物学——新的综合》,毛盛贤等译,北京理工大学出版社,2008年。引文页码为中译本页码。

Wilson, R. A. (2003), "Pluralism, Entwinement, and the Levels of Selection", *Philosophy of Science*, Vol. 70, No. 3, pp. 531 - 552.

— (2007) "Levels of Selection" in Mohan Matthen and Christopher Stevens (eds.) *Philosophy of Biology*, Elsevier B. V., pp. 141 - 162.

Wimsatt, W. (1980) "Reductionistic Research Strategies and Their Biases in the Units of Selection Controversy" in Thomas Nickles (ed.) *Scientific Discovery: Case Studies*, Dordrecht, The Netherlands: Reidel, pp. 213 - 259.

Wright, S. G. (1945) "Tempo and mode in evolution: a critical review", *Ecology*, Vol. 26, pp. 415 - 419.

Wynne-Edwards, V. C. (1939) "Intermittent Breeding of the Fulmar, with Some General Observations on Non-breeding in Sea-Birds", *Proceedings of the Zoological Society of London*, pp. 127 - 132.

— (1948) "The Nature of Subspecies", *Scottish Naturalist*, Vol. 60, pp. 195 - 196.

— (1955a) "Low Reproductive Rates in Birds, Especially Sea-Birds", *Acta of the Eleventh International Congress of Ornithology*, pp. 540 -547.

— (1955b) "The Dynamics of Animal Populations", *Discovery: A Monthly Popular Journal of Knowledge*, Vol. 16, pp. 433 - 436.

— (1962) *Animal Dispersion in Relation to Social Behavior*, Edinburgh: Oliver and Boyd.

— (1986). *Evolution through Group Selection*, Oxford: Blackwell Scientific Publications.

陈勃杭,王巍(2013)《追问“基因选择”》,《哲学分析》,第 2 期,第 147—154 页。

— (2014)《对布兰登基因选择批判的反思》,《自然辩证法研究》,第 30 卷,第 2 期,第 35—39 页。

董国安(2011)《进化论的结构——生命演化研究的方法论基础》,人民出版社。

李建会(2009)《自然选择的单位:个体、群体还是基因》,《科学文化评论》,第 6 卷,第 6 期,第 19—29 页。

李建会,项晓乐 (2009)《超越自我利益:达尔文的“利他难题”及其解决》,《自然辩证法研究》,第 25 卷,第 9 期,第 1—7 页。

图书在版编目(CIP)数据

自然选择的单位与层次/黄翔著. —上海：复旦大学出版社,2015.10
(当代哲学问题研读指针丛书/张志林,黄翔主编. 逻辑和科技哲学系列)
ISBN 978-7-309-11228-3

Ⅰ. 自… Ⅱ. 黄… Ⅲ. 自然选择-研究 Ⅳ. Q111.2

中国版本图书馆 CIP 数据核字(2015)第 021285 号

自然选择的单位与层次
黄 翔 著
责任编辑/范仁梅

复旦大学出版社有限公司出版发行
上海市国权路 579 号 邮编：200433
网址：fupnet@fudanpress.com http://www.fudanpress.com
门市零售：86-21-65642857 团体订购：86-21-65118853
外埠邮购：86-21-65109143
浙江新华数码印务有限公司

开本 850×1168 1/32 印张 6.25 字数 109 千
2015 年 10 月第 1 版第 1 次印刷

ISBN 978-7-309-11228-3/Q·90
定价：30.00 元